野草と暮らす365日
My Valued Yaso Life
野草研究家 山下智道
山と溪谷社

ドアを開ければ、サプライズが待っている

出会いとときめき

休日にはカフェや映画館に行く感覚で一人、ふらっと植物観察に出かける。
前日の夜に、今一番に会いたい植物を絞りこみ、
海や山や河原などその子（野草）がいそうな場所へ出かける。
もちろん会いたかった子に出会えた時は嬉しくて大満足なのだが、
朝、自宅のドアを開けた瞬間から、素晴らしい出会いの
サプライズを想像するだけでもわくわくする。

野草は僕の宝物、そして生きてきた証

野草に出会うことは何よりも嬉しく、僕にとっては一期一会なのである。植物の同定や活かし方などなど日々悩まされることが多いのだが、結局、僕の一番の理解者であり、僕を癒してくれて悩みを紐解いてくれるのも野草なのだ。

これまでも沢山の出会いがあり、一つひとつ鮮明に思い出すことができる。野草を通じてたくさんの人と交流も深まった。これは何にも替えがたい僕の宝物であり、僕が生きてきた証だ。

野草と暮らす365日

Contents

＊食草・毒草の区別は難しく、必ずその野草をよく知る人と一緒に摘んでください。
＊植物の科名はAPG分類体系に従って表記しています。また本書の花の説明はあくまで項目であり、植物全体の説明をしています。
＊本書に登場する料理は全て2人前になっています。作るときの目安にしてください。

春の野草たち
春、語りかける時

夏の野草たち
夏、元気をいただく

秋冬の野草たち

秋冬、力を蓄えて

四季を感じる野草暮らし

朝、眼が覚めるとカーテンを開け、
窓を開いて新しい空気や光りを感じながら
ベランダの草木の成長をそっと眺めることが、僕の一日のスタート。
今、とても可愛がっているオオバクロモジやスカシタゴボウ、
タネツケバナやスミレなどが活き活きとそこで暮らしている。
そんな姿を見ると、毎日の始まりがとても愉快になる。

僕の野草生活

毎日の汁物やおかずやお茶などに、その時々の旬の野草を加えてみる。春夏秋冬、それはそれはたくさんの野草たちが食卓に上り、僕は四季の移り変わりを野草たちの香りや味わいで感じている。

毎朝家を出て仕事へ向かう最中も、足元の野草や頭上の木々が「ここにもいるよ。ここにもいるよ」と僕に向かって語りかけているような気がする。

自宅へ戻り、眠りにつくまで、いや眠ってから夢の中ですら野草と一緒にいる。野草のことを考えると時間が足りないくらいだ。まるで呼吸しているような感覚で野草を想いながら日々を過ごしている。

野草って何？

野草って、簡単に説明すれば野山や水辺に生える草（草本類）のこと。野草生活を続けて20数年、野草は独自のジャンルを確立しているのではないかと、僕は密かに思っている。ハーブでもなく山菜でもなく雑草でもないジャンルとして。もちろんそれら全てを含んで“野草”と呼ぶのだけれど。

僕たち人間との距離感を上手く保ちながら、可もなく不可もなく、365日暮らしに寄り添ってくれるのが野草。それはまるで優しい妖精のようだ。

もちろん妖精たちには食べてはいけない毒草も存在しているので、正しい知識を身につけたい……そんな思いを野草に抱きながら生きている。

野草たちの魔法

例えば、サラダやスイーツなどに、そっと淡紫色をしたスミレの花やみどり鮮やかなセリ科のセントウソウ、キク科のタンポポなど、フォルムがユニークな葉っぱを添えてみる。それだけで料理はスタイリッシュに変身することを僕は知っている。だからこそ、野に出て、素敵な野草に会うと、「今日はどんな料理に変身させようか」と、まっさきに野草の活用法や生かし方に想いを馳せる。知恵を絞り、しっかり観察して、目で楽しみ、舌で味わう。まるで“野草の魔法”にでもかかったかのような日々でもある。

ぽかぽか陽気、野草もいきいき

観察会と野草ノート

植物の細かな動きや表情は、人間の笑ったり泣いたりする表情と同じで、
同じタンポポやヨモギでも、生えている場所や環境によって
表情を変えていく。その細かな変化や情景に気づいてあげると
その植物との距離感が近くなった気がする。

観察会に出かけて一番大切にしていること

観察会のポイントは、もちろん沢山の植物の情報を得ることにある。さらにその日に観察した野草の中で、もっと深く知りたいと思った野草をしっかり観察し、知識や感覚として身に付けることが観察会の醍醐味だと考えている。

野草の不思議を紐解くヒントや答えがいっぱい詰まっている

何度も何度も野外に出て野草に触れあっていると、自然に名前を覚え、さまざまな知識が身に付いてくるから不思議だ。こうした野草の不思議を一つひとつ紐解いていくと、いつの間にかその野草とは特別な関係性を築くことができるのだ。

こうした関係性をさらに深めるために、僕は図鑑と首っ引きで野草たちととことん付き合い、絆を強いものにしてゆく。

植物たちとの出会い

一期一会を記録する学び

植物たちとの出会いは人との出会いと全く同じである。
電車を待っている間にバッタリ出会ったイヌノフグリや
撮影で遠出し宿泊したホテルの駐車場にいたキヌイトツメクサなど、
どの人生のシーンにも植物が側にいる。

ルーペやハサミ、セロテープ、ペン、メモ帳、そしてポリ袋は僕にとって大切な植物観察のお供。リュックにはいつも彼らが詰まっている。

旅先のホテルや民宿で調べて描き込む観察ノート

観察ノートを記録し始めたのは今から2年前。野草教室などでレクチャーをする時のためにその植物の情報や知識をコンパクトに自分用にまとめたいと思ったのがきっかけだ。

観察ノートの記載の仕方にはこだわりがあり、①生えていた場所、②植物の情報、③食べる野草ならその味の感想、④文化的歴史的背景、などを順に記載していく。

北は北海道から南は沖縄までの野草たちを、旅先では標本化してホテルのデスクにそれを並べ、細かく調べてノートに記録してきた。僕のリュックやキャリーバックには図鑑関係の書籍が詰まって、ずっしりと重いのだ。

観察ノートは20冊ほどになり、記録した野草は約1500種類にもなっている。まるで日記のように、僕は出会った野草たちを記録してきた。

(姫莎草)
カヤツリグサ科

野草の魅力を伝える喜び

参加者の目が輝く瞬間

野草の魅力を沢山の方々に伝えていける喜びを、
日々噛み締めながらレクチャーしている。
参加して下さる方々もそれぞれ野草を見るツボ（ポイント）があり、
そのポイントのスイッチが押された瞬間、目がキラキラと輝き始める。

野草ファンが集い、輪がひろがる 僕の全国野草旅は果てしなく

2015年4月、横浜のこども自然公園、そして東京の代々木公園の野草散策イベントを皮切りに、野草研究家として本格的に始動した。僕の教室で一番大切にしていることは、そこに生えている植物を生でしっかり観察する。そして独自の視点で、独自の感覚で植物と向き合う。図鑑を見て確認するのは最後だ。

これまでに北海道から沖縄まで全国24か所、ずいぶん多くの場所でイベントを開催させていただいた。各地に伝わる特有の食文化や珍しい植物など、沢山の学びやご縁をいただいた。何よりも嬉しかったのは野草を愛する全国各地の方々と出会えたことだ。植物を愛でる皆さんの笑顔を見る度に、僕は野草研究家としての活動をやってきて本当に良かったと実感する。そして野草が好きな方々が野草教室に集い、それが一つの輪になり全国各地へと広がっていくことは非常に嬉しい。

摘んだ野草をそっと洗う。時には土まみれだったり、虫がおいしそうに食べていたり。しっかり洗い流して食材へと変化させる。

野草には全て名前がある。今日出会った野草たちの名前や顔を覚えてほしいから、慈しみを込めてネームプレートを準備する。

摘んだ野草が調理されて器に並ぶ。僕にとっては嬉しいの一言に尽きる。それを皆さんに味わっていただく時はもっと嬉しい。

野草研究家として本格的に活動をスタートして以来、多くの皆さんに支えていただいて、今の僕がある。そんな感謝の気持ちを忘れないで、日々邁進したい。

春の野草たち

春、語りかける時

3月になると、野山の野草たちがいっせいに芽吹きはじめる。
これまで茶色だった台地が、オオイヌノフグリの愛らしいブルー、
カタバミやタンポポの黄色、ハマダイコンやホトケノザのピンクなど、
パステルカラーに染まってゆく。 野草シーズンの幕開けだ。

スミレ

Viola mandshurica

菫／スミレ科スミレ属／多年草

スミレは春の季語でもあり、道端で咲く可憐な花姿に出会うだけで、幸せな気持ちになる。スミレにはそういう力がきっとあるに違いないと僕は思っている。都会のコンクリートジャングルを歩いていても、アスファルトの隙間からしっかり春を感じさせてくれる。

花の説明

スミレの名前は、スミレの花のグッと長い頭(距(キョ))の部分が、大工さんが使う墨入れ(墨壺)に似ていることに由来している。花の形も可愛くて、とりわけスペード型で薄紫色の花を咲かせるタチツボスミレは女性に人気。

食べてみると

葉や花は食べやすくエディブル風にサラダの上にのせてもお洒落だ。古代ギリシャや古代ローマではスミレを頭痛や、二日酔いの薬として用いたそうで、立派な薬草でもある。ただしニオイスミレは根と種子に有毒成分のビオリン等を含むため要注意。

エディブルタチツボスミレ

スミレ類は花の美しさが命なので、摘んだ日から1~2日以内に食べる。摘む時はスミレの花柄の根元から摘み、食べるまでは小瓶などにいけて窓際などで楽しむ。サラダやスイーツなどにスミレの花を添えるだけで春の幸せをおすそわけ。

緑あざやか和のおかず

スミレの葉の白和え

材料

スミレの葉……30枚程（ノジスミレ、アリアケスミレ等でも可能）
木綿豆腐……100g
味噌……小さじ1
砂糖……小さじ2
すり胡麻（白）……大さじ2
砕いたくるみ……適量
塩……少々

1. 鍋で湯を沸騰させ、スミレの葉を入れ1分程したら引き上げて水で冷ます。スミレの葉を食べやすい大きさに切る。
2. 豆腐はキッチンペーパーでしっかり水を切る。
3. ボールに豆腐・味噌・砂糖・すり胡麻・くるみを入れ、丁寧に混ぜる。
4. 出来上がった和え衣に、スミレの葉の水分を絞って混ぜ合わせる。最後に塩で味を整えたら完成。

作り置きで楽しむスイーツ

マンジュリカ(スミレ)シロップのババロア

材料

豆乳生クリーム……40ml

マンジュリカシロップ……20ml

湯……15ml

ゼラチン……2g

1 生クリームを角が立つまで泡だて、その後マンジュリカシロップを注ぎ優しくかき混ぜる。

2 湯15mlにゼラチンを溶かし、1を加え、程よく混ざり合ったらお好みの型に流しラップをして冷やし固める。

3 表面が固まったらスミレの花を飾り完成。

マンジュリカシロップの作り方

材料

マンジュリカ（スミレ）の花弁……25g

水……180g

砂糖……180g

レモン果汁……適量

保存瓶

1 瓶の中にマンジュリカの花弁を入れ、その中に沸騰させた湯を入れ、レモン果汁を大さじ3杯程お好みで入れる。

2 フタをして冷まし、1日置く。

3 1日経ったら花弁を取り除いて鍋に移し砂糖を加え、それが溶けるまで弱火で加熱したらしっかり冷まして完成。

※タチツボスミレより色素が強く量が取れるマンジュリカかノジスミレがオススメである

スミレの仲間

スミレは春に沢山咲くが、わざわざ里山に行かずとも都会を好んで咲くスミレもある。最近、表参道を歩いていてスミレを見つけた時は思わずビックリした。他にも街中を好んで咲くノジスミレやヒメスミレやアリアケスミレなどがある。

野山に咲く

クロバナアケボノスミレ

エイザンスミレ

シハイスミレ

ナガバノスミレサイシン

ヒナスミレ

コスミレ

タチツボスミレ

ノジスミレ

ヒメスミレ

アリアケスミレ

ハコベ（ミドリハコベ）

Stellaria neglecta

繁縷／ナデシコ科ハコベ属

ハコベは畑や野原、植え込みなど、どこにでも生えている一年草。ハコベという名前は総称で、在来種のミドリハコベとヨーロッパ原産のコハコベがあり、ミドリハコベは春の七草のひとつ「はこべら」として、古くから暮らしに取り入れてきた。茹でても鮮やかな緑色が残るのが特長。

花の説明

ハコベと向き合ってみると非常に面白い。みずみずしい葉が対生し、花弁は10枚と思われがちだが5枚で、花弁1枚が切れ込みの深いハート型をしていて、なんともユニークで愛らしい。

食べてみると

ハコベの中でもミドリハコベ、コハコベ、イヌコハコベは口に入れた瞬間に大地の香りが広がり、ハコベ特有の風味（やや青臭さ）と甘みがある。これに比べてウシハコベは癖もなく、食べやすい。

さわやかな青みがくせになる

ハコベのグリーンジュース

材料

ミドリハコベ……ひとつかみ
アシタバ……葉一枚
りんご……4分の一カット
蜂蜜……大さじ1
プレーンヨーグルト……適量
水……150ml

1 ミドリハコベ、アシタバ、林檎を綺麗に洗い細かく刻む。
2 ジューサーに1とヨーグルト、水、蜂蜜を加えなめらかになるまで回し、コップに注いだら完成。

暮らしの知恵

干して粉にしたハコベと塩を混ぜたハコベ塩は、昔から歯磨き粉として知られている。簡単にできる上に、歯槽膿漏（歯茎の出血）の予防にもなると注目されている。趣向を変えて香りのあるカキドオシの粉を加えてみた。

クレイパック

1 ミドリハコベをジューサーでペースト状にしてキッチンペーパーで絞る。
2 ミドリハコベの青汁を抽出しクレイを加えトロトロになるまで混ぜる。
3 塗りたいところに塗り10分程したらぬるま湯で洗い流す。 ミドリハコベの抗菌作用やクレイのミネラル栄養分で使用後はツルツル。

歯磨き粉

ハコベ塩

ハーバルバス

1

2

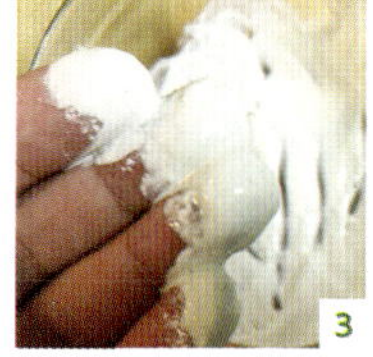

3

ハコベの仲間

コハコベ

イヌコハコベ

ウシハコベ

オオイヌノフグリ

Veronica persica

大犬の陰嚢／オオバコ科クワガタソウ属／越年草

足元に咲き乱れ、春の訪れを一番に感じさせてくれるオオイヌノフグリは、西アジア・中近東原産の帰化植物だ。地面にサファイアをちりばめたような美しさは、1880年頃に東京で発見され、そこから日本中へ広がったとされている。

花の説明

オオイヌノフグリの和名は犬の陰嚢と漢字で書き、種子の形から由来しているそうだが、別名は「天人唐草」「瑠璃唐草」「星の瞳」などがあり、個人的に星の瞳がかなりのお気に入りだ。

食べてみると

野草の中でも美しい花色はそのままちらし寿司やサラダなどの様々な料理のトッピングに合う。ババロアやムースにも飾ってみたい。熱を加えても花色は変化しないので、ホットケーキも子どもたちに喜ばれる。

春の野原をスイーツに

オオイヌノフグリのひと口ケーキ

材料

オオイヌノフグリ花……適量（ヤエザクラやフジなども色味がはえて香りも良い）
卵……1個
おからパウダー……30g
薄力粉……20g
プレーンヨーグルト……大さじ2
砂糖……小さじ1
豆乳……20cc（固さを見ながら調整）
オリーブオイル……小さじ1

1. 全ての材料をなめらかになるまでよくかき混ぜ、フライパンにオリーブオイルを垂らしフライパン全体に広げる。
2. フライパンに生地を落とし、可愛く一口サイズに成形する
3. 表面に焼き色がついたらひっくり返して、トッピング用のオオイヌノフグリなどを飾り、弱火で2~3分蒸し焼きにする。

1

2

優しいスイーツ
春の妖精たち

材料
オオイヌノフグリ、ウメ、ヒメオドリコソウ、ホトケノザの花弁……適量
オヤブジラミの葉……適量
杏仁豆腐など

1 オオイヌノフグリは萼を取り外し、柔らかい花のみ使用。白い杏仁豆腐の上に可愛らしい春の妖精たちを並べたら完成。

オオイヌノフグリの仲間
イヌノフグリ

Veronica polita var. lilacina

犬の陰嚢／オオバコ科クワガタソウ属／越年草

イヌノフグリはあまり人の手が入っていない、昔からある空き地など、乾いた土地に生える傾向がある。近ごろは目を見開いて探しているがなかなか見つけられない。イヌノフグリは外来種のオオイヌノフグリやタチイヌノフグリに比べ圧倒的に数を減らし、今や絶滅危惧II類（VU）に指定されている貴重な野草だ。

イヌノフグリ

オオタチイヌノフグリ

フラサバソウ

タネツケバナ

Cardamine fleauosa

種付け花／アブラナ科タネツケバナ属／一年草

タネツケバナは稲刈りを終えた田んぼなどでよく見かける野草。カイワレダイコンのような小さい複葉がロゼット状に広がっているので、初心者でも見分けやすい。白くて繊細な4枚の花弁をもつ花が、天使ようで愛らしい。ビジュアルだけでなく、みずみずしい食感とほどよいピリ辛さがくせになる、大好きな春の身近な野草だ。

花の説明

和名の由来は種籾を水に浸け始める4月頃に花を咲かせることから、タネツケバナという名がついた。お百姓さんにとっては、新たに命を繋ぐ時の花でもあったようだ。ちなみにアブラナ科の花はいずれも花弁が４枚なので覚えやすい。

食べてみると

なるべくフレッシュの状態で食べて欲しいので、サラダやカルパッチョなどがオススメ。イチゴや柿などの果物とあわせると、ピリ辛さと風味がより楽しめる。個人的な感覚だが、辛さの順はコタネツケバナ⇒ミチタネツケバナ⇒タネツケバナ⇒オオバタネツケバナで、オオバタネツケバナはオランダガラシ（クレソン）に近い。

味わい豊かな和風スイーツ

タネツケバナの小豆ケーキ

材料

タネツケバナの葉……10枚
卵……3個
砂糖……大さじ4
油……50CC
あずき缶……200g
薄力粉……60g
牛乳……50CC

1 卵を卵白と卵黄に分けて、それぞれに砂糖大さじ2ずつわけて、卵白はつのが立つくらい、卵黄はマヨネーズみないになるまで泡立て器で混ぜる。
2 卵黄に茹で小豆、 オイル、 牛乳（牛乳にタネツケバナペーストを加える） 順に入れ、 さらに小麦粉を入れて混ぜる。
3 2にメレンゲを3回に分けてなじませる。 180°に予熱したオーブンで170度で25分間焼く。

豚肉との相性抜群。お弁当のおかずに

タネツケバナの肉巻き

材料
タネツケバナ……適量
豚肉しょうが焼き用……4枚
サラダ油……適量
塩胡椒……適量

1 豚肉でタネツケバナを巻く。
2 フライパンにサラダ油をひいて、1を中火で焼き、塩胡椒で味を整える。

フレッシュ感たっぷり

タネツケバナと柿のサラダ

材料
タネツケバナ葉……20枚
柿……1個
バルサミコ酢……小さじ2
オリーブオイル……小さじ2

1 柿の皮を剥き、千切りにする。
2 綺麗に洗ったタネツケバナをしっかり水気を切ってボールの中で柿と和え、オリーブオイルとバルサミコ酢で味を整える。

タネツケバナの仲間

タネツケバナは近縁種も多く、プランターの隅からさりげなく生えて種に翼(よく)があるコタネツケバナや、都会の道端などに多いミチタネツケバナ、山地の渓流沿いを好むオオバタネツケバナなどがあり、食感や辛さも種によって異なる。

ミチタネツケバナ

オオバタネツケバナ

ピリリと辛いねばねば

タネツケバナ納豆

材料
タネツケバナの葉……適量
大根の甘酢漬け……適量
納豆……2パック
めんつゆ……小さじ1

1 タネツケバナと大根の甘酢漬けを刻み、ボールに納豆をほぐしタネツケバナと甘酢漬けを加えめんつゆで味つけする。

タネツケバナの比較

左がオオバタネツケバナで右が普通のタネツケバナ。オオバタネツケバナは葉っぱの大きさなどからオランダガラシ（クレソン）に雰囲気が近く、辛味もキリッとしている。

カタバミ

Oxalis corniculata

酢漿草／カタバミ科カタバミ属／多年草

カタバミはいくら引き抜いても、しぶとく種を残し広がっていく。その凄まじい生命力から戦国武将たちは、カタバミに子孫繁栄の願いを重ね、家紋としての「片喰紋」は非常に人気が高かったという。また、面白いのは財布にカタバミを入れておくとお金が増えて減らないとされ、古来はお守りのようにカタバミの葉っぱを財布に入れたそうだ。

Tomomichi's Eye

同じ黄色いカタバミでも、アカカタバミやウスアカカタバミは花弁の奥に赤い模様がある。見分けるポイントに!

花の説明

カタバミの葉っぱはクローバーと呼ばれるシロツメクサに似たハートの形をしており、葉の一部が欠けて見えるから「片喰」、あるいは葉を噛むと酸味があるので「酢漿草」と名づけられたなど、名前の由来には諸説ある。

食べてみると

葉っぱはシュウ酸が多く含まれるので多食は禁物。また加熱すると黄褐色になる。黄色やピンクの花色が可愛いので、さっと塩もみしたり、サラダなどのトッピングに重宝する。

春の彩りを食卓に

カタバミの花塩もみ

材料

カタバミ……適量（オオキバナカタバミ、イモカタバミなど）
胡麻……少々
塩……小さじ1/2

1 カタバミの花を優しく洗う。
2 よく洗ったカタバミをザルに移し塩をふりかけ揉む。
3 カタバミの花がしんなりしてきたら、水に軽くさらして余計な塩分を抜き、絞って皿に盛りつけ胡麻をかけたら完成。

1

2

3

カタバミの仲間

身近なカタバミの仲間としては、珍しい八重のホシザキカタバミをはじめアカカタバミ、赤みが若干弱いウスアカカタバミ、さらに茎が直立するタイプのオッタチカタバミ、花色が濃いピンクのイモカタバミ、ハナカタバミやオキザリスなどカタバミ界もなかなか賑わっている。

ホシザキカタバミ

ウスアカカタバミ

オッタチカタバミ

花
根
イモカタバミ

ムラサキカタバミ

オオキバナカタバミ

カントウミヤマカタバミ

フヨウカタバミ

根

タンポポ

Taraxacum spp.

蒲公英／キク科タンポポ属

3～5月にかけて黄色い花をつけ、その後地上部は枯れてなくなり休眠するのが在来タンポポ。これに対して写真のセイヨウタンポポは、ほぼ一年中開花し、枯れて休眠することはない。近年は外来種のセイヨウタンポポが増え、一年を通して摘めるようになったが、幼い頃、タンポポの花を見ると春を感じてとても幸せな気分になったのだが、今はなんだか複雑な気持ちで眺めてしまう。

花の説明

タンポポの花はたくさんの舌状花の集合体で、これはキク科タンポポ亜科の植物に共通している特長だ。

食べてみると

セイヨウタンポポ、在来タンポポともに、口にしたときの食感はレタスを3倍ほど濃くした味で、噛めば噛むほど味わいが深くなる。花はそのままトッピングにすると苦味が強いので、花びらを小分けして使用する。

在来タンポポの総苞片

セイヨウタンポポの総苞片

Tomomichi's Eye

在来タンポポとセイヨウタンポポの見分けは、総苞片がそり返らないのが在来種、反り返るのが外来種、というのが一般的な見わけ方だが、近ごろは交雑種が増え、総苞片の形や大きさなど外見だけでは判断できなくなっているので、花期などもポイントになる。

葉っぱを生地に練りこんだ

タンポポガレット

材料

タンポポやタネツケバナの葉……20枚
そば粉……30g
水……120cc
卵……1個
生ハム……4枚
サワークリーム……適量
オリーブオイル ……大さじ1
塩……ひとつまみ
胡椒……適量

1 そば粉と水と塩を混ぜ合わせる。
2 フライパンにオリーブオイルをひいて生地を流し入れ、 生地が丸くなるようにおたまの背で薄く広げ弱火で焼く。
3 生地が焼き上がったら皿に移し、 生地を折り返して、 生ハム、 サワークリーム、 タンポポの葉などを盛りつけ塩胡椒で味を整える。

タンポポの菊酒

菊の代わりにタンポポを浮かべて優雅に一献

ハーブのように薫り高い

タンポポの鶏肉香草焼き

材料

鶏もも肉……2枚
タンポポの葉と花……適量
カラクサナズナ……適量
カキドオシ……適量
塩……少々
胡椒……少々
オリーブオイル……適量
※ワサビ醤油をたらして食べると更に美味しい

1 鶏肉の皮の方にフォークで穴をたくさん開け、タンポポ等をなるべく細かく刻み鶏肉の両面に塩、 胡椒と一緒にしっかりすり込む。
2 フライパンをよく熱し、 オリーブオイルをひき、中火で皮の方からバリッとするまで焼き色をつける。 裏返し、 蓋をして蒸し焼きにする。

タンポポの仲間

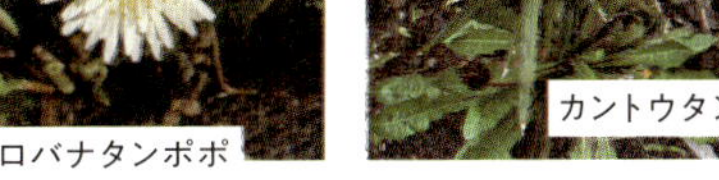

花

茎のトゲ

ハマダイコン

Raphanus sativus var. raphanistroides

浜大根／アブラナ科ダイコン属／一年草

僕がハマダイコンをしっかり観察した場所は、意外にも浜辺ではなく多摩川だ。畑に生えているダイコンと同じようなロゼットの群生を冬の多摩川で見た時は、なんだか異様な雰囲気だった。どんな花が咲くのだろうか……と楽しみでもあった。
季節を変えて4月あたりに同じ場所に定点観測に行った時、目を疑った。多摩川の河川敷がピンク一色に染まっていたのだ。甘い香りが漂い、ピンクで十字の花が特徴的なハマダイコン畑が広がっていたのだ。

花の説明

海辺や浜辺に多く、花期は4～6月。茎に棘状の毛があり、場所によっては棘がきついことも。

食べてみると

葉っぱや花は料理に大活躍する。根はダイコンのように太くはならず細くて固くて辛味が強くて筋がある。春の終わりにできる莢は、そのまま食べるとピリ辛で、とっておきのごちそうになる。

新芽は野菜のダイコンそっくりの双葉。ロゼット状に大きく葉を広げる冬。
根は筋根なので美味しくない。花後の莢摘みも見逃せない。

喉の痛みによい

ハマダイコン飴

材料

ハマダイコンの根（角切り）……30グラム
おろし生姜……適量
蜂蜜……大さじ2

1 材料をすべてよく混ぜ、容器に入れて1時間おくと完成。

ハマダイコンのカクテキ

ダイコンのカクテキと作り方は同じ

肉料理に相性ピッタリ

ハマダイコンのぴり辛塩麹

材料

ハマダイコンの葉……3本分
ベーコン（スライス）……1パック
酒……大さじ1
醤油……大さじ1
胡麻油……少々

1 胡麻油でベーコンを炒める。
2 ハマダイコンの葉を細かく刻んで1に加え、しんなりしてきたら酒と醤油を加えて炒める。

ハマダイコンのお風呂

暮らしの知恵

大根を使った風呂は、冷え性や婦人病治療のための民間療法として古くから使われてきた。そこでハマダイコンを応用してみた。葉をネットに入れて足の先まであったまるハマダイコン風呂。大根の辛味成分であるアリル化合物は炎症を鎮め、せきを止めるなど殺菌作用も期待できる。

ハマダイコンの仲間

ダイコン

ツクシ・スギナ

Equisetum arvense

土筆・杉菜／トクサ科トクサ属／多年草

幼い頃、よく祖母に連れられ近くの土手にツクシを摘みに行ったことを覚えている。ツクシとスギナ、地下茎でつながっていて、同じ植物で2度違う楽しみ方ができる。それ以上にこのスギナやツクシに出逢うと、祖父や祖母の想い出が蘇り、僕にとってほっこりする野草でもある。

花の説明

まったく似ていないツクシとスギナ。ツクシは3月、スギナは4月にわさわさと成長するが、ツクシを見つけたらスギナの若芽を探してみると面白い。

食べてみる

摘んでハカマ取りをして、それが卵とじになって山下家の朝の食卓に上がったものだ。卵とじの甘さとツクシのほろ苦さが上手くマッチして、ごはんが進むおかずだった。スギナはツクシが終わったあとに祖父に連れられ同じ土手に行くとたくさん生えていて、摘んでお茶にしたり、お風呂に入れたことを覚えている。

スギナ

パウダーを使って簡単に

スギナアイス

材料

豆乳生クリーム……200cc
スギナパウダー……25g
卵黄……2個
上白糖……85g

1 スギナパウダーはよくふるっておく。ボウルに卵黄と砂糖を入れ、泡立て器で白っぽくなるまで混ぜる。
2 別のボウルに生クリームとふるっておいたスギナパウダーを入れて、空気を含ませながら混ぜる。1と2をよく混ぜて容器に入れ、冷凍庫で一晩冷やしたら完成。

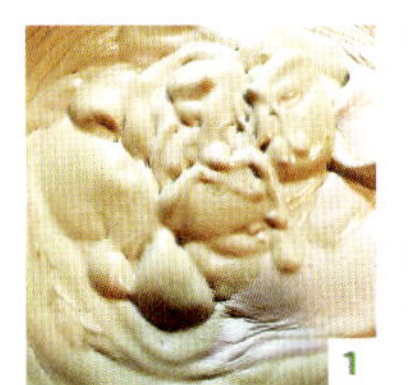
1

2

花

ユキノシタ

Saxifraga stolonifera

雪ノ下／ユキノシタ科ユキノシタ属／多年草

湿った岩場や日陰に生える。和名の由来は様々な説があるがその中でも僕は、雪の下でも葉が枯れず青々としているからだと思っている。花びらは全部で5枚、上の3枚が3㎜、下の2枚は10㎜ほどの長さになる独特の花の形をしていて、まるで雪の結晶のよう。葉っぱは肉厚で、丸い葉にはアーティスティックな白い模様が映える。昔は民間薬としてとても重宝されており、中耳炎や子どものひきつけには欠かせない薬草でもあった。

ユキノシタ湿布

ユキノシタ化粧水

葉っぱのカタチを活かす

ユキノシタの和風ハンバーグ

材料

ユキノシタの葉……10枚
牛肉の挽肉……250g
木綿豆腐……4分の1
玉ねぎ……1個
味噌……大さじ1
マヨネーズ……大さじ1
塩胡椒……適量

1 玉ねぎとユキノシタは細かく刻み、 木綿豆腐、挽肉、 味噌、 マヨネーズ、 塩胡椒をボウルで混ぜる。
2 1を4等分に分け適度な大きさに造形してしたら、 ハンバーグの両面にユキノシタを貼り付け、フライパンで焼く。少し焼き色をつけたら、水または白ワイン100ccで蒸し焼きにする。

※大根おろしとポン酢を混ぜ柚子胡椒でいただくのがオススメ

1

2

イタドリ

Fallopia japonica

痛取・虎杖／タデ科ソバカズラ属／多年草

イタドリは河原や土手などでよく見かける。漢字の虎杖は漢名で杖は茎で、虎は春先の若い芽にある紅紫色の斑点が虎の斑模様の皮に似ていることから由来しており、また揉んだ葉や根を用いて痛みを取る事から痛取という説など、イタドリは古くから様々な形で生活に関わってきた有用植物だ。

花の説明

雌雄異株で、春先の河原にまるでタケノコのようにニョキッと伸びたイタドリの雌株の新芽に出会う。新芽はポキポキ音を立てて噛むと酸味が有るので地方名でスカンポなど、各地で呼び名がいろいろあるようだ。

雄株

食べてみると

雌株の新芽をポキッっと手折って皮を剥き、そのままかじる。あの酸っぱい味はお世辞にも美味しいとは言えないが、湯がいたり、水にさらしてあく抜きをしたイタドリは山菜独特の味わいがある。土佐では煮物にしたり炒め物にしたり、秋田の方では冬場に備えて塩漬けにして保存食として重宝されている。雄株も刻んでサラダで楽しむ。

これぞ春の味わい

イタドリとツルドクダミのチャーハン

材料

イタドリの葉……10枚
ツルドクダミの葉……10枚
ウィンナー……2本
玉ねぎ……2分の1
卵……2個
ご飯……1合
塩胡椒……適量

1 イタドリとツルドクダミはさっと塩ゆでし冷水に浸す。
2 1の水気を切って玉ねぎ同様に細かく刻む。ウィンナーも食べやすい大きさに切る。
3 フライパンにサラダ油を入れ、熱したら2を入れて炒める。そこにご飯、溶いた卵を入れて炒め、塩胡椒で味を整える。

イタドリの仲間

オオイタドリ

フキノトウ

Petasites japonicus

蕗の薹／キク科フキ属／多年草草

フキノトウはフキの花のことを指し、春の訪れを感じさせてくれる代表的な野草。なんとも可愛らしい植物で、古来から縁起物として人々に愛されてきた。またフキの葉は食べ物を包んだりお皿の代用にも利用されており、英名でも「Butterbur　バターバー」と呼び、バターを包む葉として利用されたとか。

花の説明

フキノトウはキク科の植物の中でも数少ない雌雄異株で、雌花と雄花では雰囲気や花冠の造りが異なる。雄株には雄しべと雌しべがあり、雄しべは花粉を出すが、雌しべは未熟で種子はできない。隙間を作らず淡黄色のイメージ。雌株のフキノトウは全体的に白く痩せて花冠の隙間が多く、雌しべがあり種子を作ることができる。

食べてみると

北九州から東京へ上京したての頃、自宅近くの土手でフキノトウを摘み、蕗味噌にしたり、味噌玉の中に入れたり、フキの葉はアク抜きをしてフキの葉寿司などをして春先は非常にフキにお世話になった。あのフキノトウ特有の香りと苦味が、心と身体をシャキッと呼び覚ましてくれる。僕にとっては魔除け的な野草だった。雌雄株では味にも差があり、苦味が強いのは雌株で苦味が弱く食べやすい方は雄株である。

隠し味に柚子
蕗味噌

材料

フキノトウ……200g
柚子の皮……50g
キビ砂糖……大さじ4
酒……大さじ4
味醂……大さじ4
味噌……大さじ2

1 沸騰したお湯でさっとフキノトウと柚子の皮を茹で冷水にさらし、水気をしっかり切って、包丁でみじん切りにする。
2 フライパンに油を入れて炒め、調味料を混ぜておき、フキノトウに混ぜながら炒め、水分が無くなるまで中火で炒めたら完成。

莢

カラスノエンドウ

Vicia angustifolia

烏野豌豆／マメ科ソラマメ属／越年草

カラスノエンドウは実は別名であり、植物学的な標準和名をヤハズエンドウ（矢筈豌豆）という。カラスノエンドウの小葉のくぼみが矢筈に似ていることからこの名がついたのだろう。何れにせよ早春を代表する草花のひとつだ。5月ごろになるとアブラムシがまとわりついている姿をよく見かける。莢（さや）は完熟すると真っ黒になる。

花の説明

カラスノエンドウはソラマメ属を彷彿させる角張った茎と深く切れ込んだ托葉、変幻自在の巻きひげ…改めて観察してみると一つひとつが繊細な構造で感動する。スイトピーのような小さな桃紫色の花をつける。

食べてみると

野菜のえんどう豆と同じ香り。新芽は柔らかく、初心者でも摘みやすく食べやすい。

隠し味に豆乳を入れて

カラスノエンドウの洋風味噌汁

材料

カラスノエンドウの若葉……適量
カラスノエンドウの鞘……適量
人参……1/3
しめじ……1/2パック
豆乳……400ml
水……700ml
味噌……適量
花かつお……40g

1 鍋の水が沸騰したら、火を止めて花かつおを入れてそっと菜箸で沈め、引き上げる。
2 カラスノエンドウは食べやすい大きさに切って、ニンジンはいちょう切り、しめじはさいておく。
3 1に2を入れ、柔らかくなったら豆乳をいれ温まったら味噌を入れる。

カラスノエンドウのお浸し

若芽の柔らかいところを使って。

カラスノエンドウの仲間

ナヨクサフジ

カスマグサ

スズメノエンドウ

ノゲシ

Sonchus oleraceus

野芥子／キク科ノゲシ属／越年草

畦道を歩くと四季を通してタンポポに似た黄色いノゲシの花を見ることができる。別名ハルノノゲシ（春の野芥子）と春が冒頭につくが、今や四季を通して花を咲かせるので、ただのノゲシとなった。ケシと名がつくのは手折ると白い液汁が出ることから。キク科なので基本的には毒性がなく、特に若葉が美味しい。

花の説明

同じキク科のアキノノゲシ（秋の野芥子）は律儀に花期を秋に合わせるが、ハルノノゲシは一年中フル回転。オニノゲシは葉っぱの棘がきついことで見分ける。

食べてみると

セイヨウアブラナなどの葉っぱと同じく癖がないので、炒め物など活用範囲が広い。

1

2

青菜がわりに重宝する

ノゲシのキムチ炒め

材料

ノゲシの葉……20枚
豚肉……80g
キムチ……150g
マヨネーズ……大さじ1
酒……大さじ1
砂糖……適量
薄口醤油……適量
胡麻油……小さじ1

1 ノゲシをさっと湯がき、水気を切ってから食べやすい大きさにカットする。豚肉は1口大に切ってマヨネーズを油代りに炒める。ある程度炒めたらキムチを入れて豚肉とからめる。
2 少し強火にして酒・砂糖・醤油を入れ混ぜる。水分が少なくなったら胡麻油を回し入れる。

ノゲシの仲間

オニノゲシ

アキノノゲシ

ハルジオン

Erigeron philadelphicus

春紫苑／キク科ムカシヨモギ属／多年草

ハルジオンは北アメリカ原産の帰化植物で1920年頃に園芸用として入り、1967年除草剤のパラコートが使われるようになると、その除草剤への耐久性をいち早く身につけ関東地方を中心に日本全国へ爆発的に拡がった。同じく北アメリカ原産で花期がハルジオンより少し遅く、花がよく似たヒメジョオンも帰化後に増えた。

花の説明

花弁は細かくピンク色がかる傾向にあり、蕾はうつむきかげんで恥ずかしがり屋な雰囲気がある。この柔らかな雰囲気と淡いピンクで糸のような線形な花弁が最初は愛されていたのだろう。本種も侵略的外来種ワースト100になっており、とても複雑な気持ちだ。

食べてみると

葉っぱだけでなく、若い蕾も柔らかくて食べやすい。ざらつく葉っぱは胡麻などと和えると舌に馴染む。

柚子胡椒とすり胡麻がポイント

ハルジオンの冷しゃぶ風サラダ

材料

ハルジオンの葉……20枚
豚肉……6枚
マヨネーズ……大さじ2
柚子胡椒……少々
すり胡麻……適量

1. ハルジオンを塩茹でし冷水にさらしておく。豚肉もさっと湯がき氷水で冷やす。
2. 1を食べやすい大きさに切ってボールに移し、マヨネーズ、柚子胡椒、すり胡麻で和えると完成。

1

2

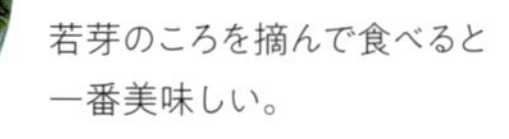

若芽のころを摘んで食べると一番美味しい。

ロゼット

ヒメジョオン

Erigeron annuus

姫女苑／キク科ムカシヨモギ属／一年草

ヒメジョオンもハルジオン同様に北アメリカ原産で世界中に帰化している一年草または越年草。ハルジオンが4～5月の春咲なのに対して、ヒメジョオンは主に夏、6月～8月ごろに咲くのが特徴だ。花の咲き方や色、葉っぱなど、両者を比較するだけでも個性があって、野草の面白さが実感できる。

花の説明

ヒメジョオンの花弁はハルジオンに比べるとしっかりしていて白いのが特徴。蕾の時も花首をもたげることなく堂々と上を向いている。手折ると茎の中心に白い髄が詰まっている。

Tomomichi's Eye

若葉の頃の葉っぱの形。ヒメジョオンは茎からまっすぐに葉をつけて、スプーン型（右）。ハルジオン（左）はヘラ型。

野草の万能料理

ヒメジョオンの卵焼き

材料

ヒメジョオン葉…15枚、オヤブジラミ（飾り）
卵……2個
白だし……大さじ1
味醂……大さじ1
サラダ油……小さじ1

1 ヒメジョオンはさっと塩ゆでし冷水に浸した後、しっかり水切りし、細かく刻んだらボウルに移し、卵、白だし、味醂を入れ、全体に混ぜる。
2 フライパンにサラダ油をひき、1をたらし、好みの焼き方で卵焼きを作る。

1

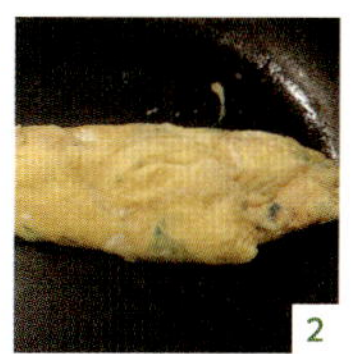

2

ナズナ

Capsella bursa-pastoris

薺／アブラナ科ナズナ属／1～越年草

ナズナは春に咲き、夏に無くなる——夏無から由来した説や、撫でるほど可愛らしいので撫で菜から由来した説や、冬場のロゼットが地面と馴染むので馴染菜から由来した説など様々ある。僕はこの中で撫で菜説がとくに共感している。魚の骨のような根生葉にアブラナ科特有の十字型の小さな花を咲かせ、もっと小さなハートが茎を取り囲む姿は春の天使そのもので、撫でたくなる気持ちも良く分かるのだ。

花の説明

ヨーロッパの方では種の形からマザーズハートと呼ばれ、古来からハーブとして活用されている。日本でも春の七草に登場する早春を代表する野草のひとつで、白い花が咲く。

食べてみると

春の七草だけあって、ちょっとピリッとした味。ふりかけなどの常備菜に重宝する。

ロゼット

ご飯のお供の常備采

ナズナふりかけ

材料

ナズナの葉と種……適量
ちりめんじゃこ……30g
胡麻油……大さじ1
白だし……小さじ1/2
白胡麻……適量
お好みで砂糖……ひとつまみ

1 ナズナの葉と種を摘んでさっと洗う。
2 洗った葉と種を細かく刻む。
3 フライパンに胡麻油をひき、ナズナとちりめんじゃこを炒める。
4 仕上げに白だしと胡麻を加えたら完成。

1

2

3

4

ナズナの仲間

カラクサナズナ

マメグンバイナズナ

オドリコソウ

ヒメオドリコソウ

Lamium purpureum

姫踊り子草／シソ科オドリコソウ属／越年草

ヒメオドリコソウはヨーロッパ原産の帰化植物。畑や畔などによく似たホトケノザ（三階草）と仲良く一緒に並ぶ姿を春先によく目にする。淡い薄紫の花と紫から緑に流れるようなグラデーションの葉は芸術的とも言える。あまり日本では知られてはいないが、自然療法の盛んなドイツでは、ヒメオドリコソウは生理痛などに優れたハーブとして利用されている。また外用としては足湯などにすると痛風の痛みが和らぐとしてとても重宝されているそうだ。

Tomomichi's Eye

同じ時期に同じピンクの花を咲かせる。ホトケノザ（写真左）の方が花が大きい。葉っぱを見ると見わけは簡単だ。

ホトケノザ

Lamium amplexicaule

仏の座／シソ科オドリコソウ属／越年草

ホトケノザは畑や空き地などに生える春の代表的な野草。幼い頃はよくこの草に遊んでもらった事を覚えている。3月あたりから花が咲き始め、紅紫色で細長い筒状の花冠の奥には、ハーブティーに蜂蜜を足したような美味しい蜜を蓄えている。それをチュッチュと吸ったものだ。同じ時期に本種にそっくりなヒメオドリコソウが生える。こちらの蜜は甘さの中に深みがあり、友達と味当てクイズをして遊んだ。

花

サクラ

Cerasus spp.

桜／バラ科サクラ属／落葉樹の総称

ソメイヨシノ

ヤマザクラの実

日本には沢山のサクラの種が存在し、最も馴染み深く、北海道南部～九州に至る各地で気象台の開花観測の対象になっているのがソメイヨシノ（染井吉野）である。ソメイヨシノはエドヒガン系のサクラとオオシマザクラの交配により誕生したサクラで、園芸が盛んだった江戸時代に、現在の東京都豊島区駒込あたりの染井村で、苗木業者が「吉野桜」と名づけて売り出したのが始まりだ。ソメイヨシノという名前は、染井村で作られた吉野のサクラという意味で、明治になって染井吉野と命名された。

食べてみると

ソメイヨシノの母種であるオオシマザクラは葉が厚く、毛がない点や上品な香りが食用に適し、桜餅を包むための塩漬けに加工されている。

あなたはどちら派

関西風桜餅

材料

砂糖……40g　　水……150g
食紅……少々　　道明寺粉……80g

1 砂糖、食紅、水を鍋に入れ、沸騰したら火を止める。
2 道明寺粉を1に加え弱火で5分煮、ぬれ布巾などをかけて冷ます。
3 手に水を付け7等分し、餅であんこを包み、個数分用意した桜の葉（オオシマザクラ）で巻く。

ヤマザクラ酒（右）

小さな実を丁寧に軸からはがし、氷砂糖とともにホワイトリカーに漬け込む。

サクラの仲間

オオシマザクラ

コブクサクラ

カンヒザクラ

カワヅザクラ

クコの実

クコ

Lycium chinense

枸杞／ナス科クコ属／落葉低木

クコといえば杏仁豆腐の上にのっている赤い実を連想するが、観察会などで生えている姿をレクチャーするといつも驚かれる。あの赤く可愛らしい実とはうらはらに、クコの木は枝が細くて、表面には鋭い棘を身につけてまるで薔薇のようないでたちだ。クコは漢字で枸杞と書き、枸橘(からたち)のようにトゲがあり、杞柳(コリヤナギ)のように枝がしなやかなため中国で枸杞と名づけられた。

花の説明

3～4月ごろに芽吹き、7月には直径1cmほどの可愛らしい薄紫色の花を咲かせ、9月頃にルビーのような赤い実を結実させる。5月になると葉っぱにハムシやフシダニなどが発生することも。挿し木で簡単に育つ。

食べてみると

新芽のころの葉っぱを摘んで、サラダや料理のトッピングに重宝する。青臭さが残るので、ドレッシングなどを工夫すると食べやすい。クコの実と同じく栄養価は高いが過食は禁物。

艶やかな花と実の競演

クコとキンモクセイのヨーグルト

乾燥させたクコの実と摘んだばかりのキンモクセイの花をトッピングした、香り豊かなスイーツ。

材料

クコの実とキンモクセイの花……一掴み
ヨーグルト……適量

ナンプラーでひと工夫

クコと春雨のサラダ

クコの新芽をナンプラーと玉ねぎのドレッシングで和えた一品。春雨のシャキ感に合う。

材料

クコとハマダイコンの葉っぱ……適量
ナンプラーとすりおろし玉ねぎ……適量

ボタンボウフウ

Peucedanum japonicum

長命草／セリ科カワラボウフウ属／多年草

ボタンボウフウと言う正式和名より、長命草の名で一躍時の野草になったと言っても過言ではない。古来から一株食べると一日長生きすると伝えられており、なんとも縁起が良くキャッチーな名前だ。僕がボタンボウフウと初めて出会ったのは三浦海岸だ。海浜植物の研究の為一人で三浦海岸に足を延ばした。険しい岩場の穴にまるで住み着いたタコの様にボタンボウフウが生えていた。出会ったあのインパクトは今でも忘れない､乾ききったあの岩場に一人清々しく生きるボタンボウフウの姿に勇気をもらった。

花の説明

セリ科らしく白い小さな花をつける。葉っぱは肉厚で、擦るとセロリのような香り。

花

パンチの効いた味が魅力

長命草のわらび餅

材料

長命草（ボタンボウフウ）パウダー……適量
豆腐……250g
片栗粉……100g
牛乳……150cc

1. 豆腐をホイッパーで滑らかになるまで混ぜ、片栗粉を入れて牛乳でゆっくりのばす。
2. 長命草パウダー（パウダーがない場合はフレッシュな葉をペーストでも可能）を入れて火にかけ、焦がさないように絶えず混ぜ続ける。
3. 全体に粘りが出て、ある程度固まってきたら火を止める。
4. 氷水を張ったボウルに一口大にスプーンですくいながら落とす。ザルですくい、きな粉と黒蜜をかけていただく。

1

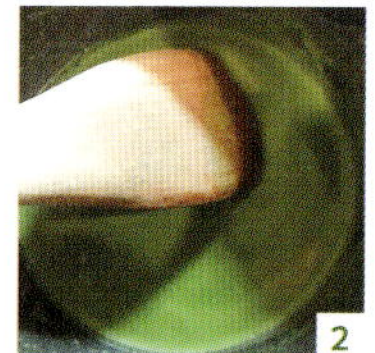

2

3

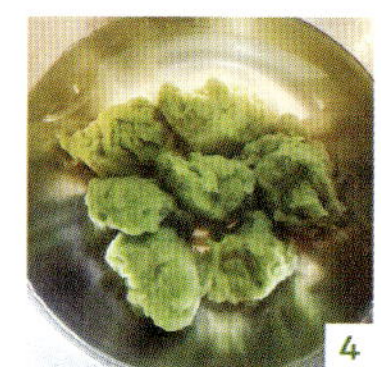

4

長命草のドライカレー

ボタンボウフウの柔らかい葉っぱをふんだんに使用した元気になるカレー

アカツメクサ

Trifolium pratense

赤詰草／マメ科シャジクソウ属／多年草

河川敷や野原などに見られるヨーロッパ原産の野草で、明治維新頃にヨーロッパより牧草地として紹介され、それが帰化した。西洋ハーブではレッドクローバーとして古くから親しまれており、主にハーブティーとして活用されてきた。女性の美容と健康に役立つ効果があることで知られている。

花の説明

淡い紫色の花を咲かせ、草原のイネ科植物などに混じり風に揺られている姿は見ていてとても優雅だ。別名ムラサキツメクサ。

食べてみると

花はそのままサラダやスイーツのトッピングに。葉っぱは少量ならケーキなどの飾りにすると緑鮮やか。葉っぱは基本的には湯がいて灰汁抜きをしてから料理に使いたい。

女子力アップまちがいなし！

アカツメクサの野草クッキー

材料

バター……50g
卵黄……1個
砂糖……50g
小麦粉……100g
野草の可愛らしい葉……適量

1. バターに砂糖と卵黄を入れてよく混ぜ、最後に小麦粉を入れてまとめる。
2. 食べやすい大きさに型取りをして野草の葉をのせ、160°に設定したオーブンで10~12分ぐらい焼く。

Tomomichi's Eye

シロツメクサとはまず花色の違いで区別できる。またアカツメクサは葉っぱがやや尖り、すぐ上に花が咲く。因みに首飾りが作れるのはシロツメクサ。仲間のセッカツメクサは雪華詰草と書き、アカツメクサの白花品種になる。

アカツメクサの仲間

セッカツメクサ

シロツメクサ

ベニバナツメクサ

モモイロシロツメクサ

花色が淡～濃紫で
花びらが大きい

ハナダイコンの浜カレー

オオアラセイトウ

Orychophragmus violaceus

大紫羅欄花／アブラナ科オオアラセイトウ属／1～越年草

オオアラセイトウは3～5月にかけて河川敷や草地に生える中国原産の植物。この植物の面白いところはとにかく異名が多いことだ。中国では諸葛菜（ショカツサイ）と呼ばれ三国時代の軍師である諸葛孔明が軍隊のために栽培させたことに由来している。他にもムラサキハナナやハナダイコンなど可愛らしい名前もあり、本種特有の紫色で柔らかい立ち振る舞いからこの名が与えられたのだろう。園芸用として植え込みでよく見かけるが、食べるのは野生化したものにしよう。アブラナ科なので菜も花も美味しい。

セイヨウカラシナ

Brassica juncea

西洋芥子菜／アブラナ科アブラナ属／1～越年草

春の河川敷、そこはまるで自然色のパレット。ハマダイコンのピンクやノジスミレの紫、セイヨウカラシナやセイヨウアブラナの黄色、シロツメクサの白など、一年で最もたくさんの色で彩られる季節だ。中でも僕が一番春を感じるのがセイヨウカラシナだ。ユーラシア大陸が原産で、日本では明治以前から香辛料として栽培されたが、戦後ヨーロッパやアメリカから入ってきて更に広がり、今や日本中で見ることができる。仲間のカラシナの種子は香辛料のからしの原料になるため､和名を芥子菜とつけた。

葉っぱのお浸し

セイヨウアブラナの花

セイヨウカラシナ

カキドオシ

Glechoma hederacea subsp. *grandis*

垣通し／シソ科カキドオシ属／多年草

カキドオシの名は、垣根をこえてどんどん繁殖するので、垣根通しに由来する。また葉っぱがお金の形に見立てられ、それが連なっているので生薬名を連銭草とも言う。道端や河原などに生え、春の野原で野草を摘んでいると足元からミントっぽい芳香が香った。しゃがんで香りの流れを辿るとカキドオシだった。春風のように爽やかで清々しい香りがする。最近の研究では血糖値や血圧を下げる作用を持つことが分かってきたようで、注目の野草でもある。

カキドオシとミツバのソース

カキドオシのシャーベット

花

オヤブジラミ

毒ムラサキケマン

オヤブジラミのミートボール

オヤブジラミ

Torilis scabra

雄藪虱／セリ科ヤブジラミ属／越年草

オヤブジラミは寒い冬場に葉を出し5月～6月あたりに花が咲く。またそっくりなヤブジラミはオヤブジラミより少し遅い6月～7月あたりに花が咲き、見分けるポイントのひとつになる。花の雰囲気も異なり、ヤブジラミの花は真っ白なのに対して本種のオヤブジラミは花弁の縁がピンク色っぽくなるのが特徴。春先は両者とも美味しい野草として活用でき、ニンジンの葉のようにかき揚げにしたり、パセリのように使用してもオヤブジラミの魅力が活きてくるだろう。ヤブニンジンも仲間。

花

ヨモギ

Artemisia princeps

蓬／キク科ヨモギ属／多年草

ヨモギは草だんごや草餅、お灸などに用いる艾(もぐさ)など、我々世代でもお馴染みの野草だ。日本各地で様々な使われ方があり、沖縄地方ではヤギ汁や沖縄そばのトッピングに、地元でフーチバーと呼ぶニシヨモギが山のように盛られ、薬味として食べたり、北海道でもエゾ（蝦夷）ヨモギを神の揉み草（カムイノヤ）としてお清めの代わりにして葉や茎で体を叩いたり、地方ならではの使い方があり、親しまれている。

花の説明

ヨモギの1番の特徴は葉をひっくり返してみると白い綿毛に覆われている点だ。あともうひとつ重要なポイントは、なんといっても香り。手で葉を擦るとヨモギ属特有の香りがする。道端でヨモギに出会えたら四季を通して観察して欲しい。秋のオレンジ色した可愛い花の時期も風情があるから。

食べてみると

最近の観察会では、意外にも生えているヨモギの姿が分からないという人も多く、少しずつ忘れ去られてしまいそうでちょっぴり寂しい思いをしている。草餅やだんごだけでなく、様々な料理に活用して欲しい。

優しい味わいが魅力

ヨモギスムージー

材料

柔らかいヨモギの葉……10枚
豆乳……100cc
黒胡麻……大さじ1
きな粉……大さじ1
蜂蜜……大さじ1

1 ヨモギを細かく刻み、豆乳、黒胡麻、きな粉、蜂蜜と共にジューサーに入れて細かくなるまで回したら完成。

春を呼ぶ爽やかな香り

ヨモギの
ジェノベーゼ風ソース

材料

ヨモギの葉……20枚
オリーブオイル……200ml
塩……少々
クルミ……30g

1 ヨモギを生のまま細かく刻み、 他の材料と共にミキサーに入れ細かくなるまで回す。 ヨモギの香りをいかしたいので、 生のまま使用するのがポイント。

ヨモギのお灸

ヨモギの足湯

暮らしの知恵

ヨモギの葉は表面が緑色で、裏面は白っぽく見えるがこれをよく見ると細かな白い毛が密生している。この毛を集めた綿のようなものがモグサ（艾）である。モグサは非常に燃えやすく、昔は火打ち石から火をとる火口（ほくち）にも使われた。燃えやすいと言っても炎を上げずに燃焼し、温度があまり高くならないのでお灸に使われた。

ヨモギの仲間

ニシヨモギ

オトコヨモギ

オオヨモギ

カワラヨモギ

クソニンジン

世界のヨモギ事情

ヨーロッパでは神秘の野草とあがめられ、フランス料理ではお馴染み

身近な野草の名を問われたら、ヨモギの名は最初に出てくるだろう。草餅やだんごだけでなく、ヨモギは古くから日本だけでなく世界中、そして人類の文明にも深く関わってきた野草だ。世界中にヨモギは250種あるとされ、日本にも30種類以上が発見されている。

ヨモギの学名の*Artemisia*（アルテミシア）は、ギリシャ神話「月の女神」のアルテミスに由来する。また古くからヨーロッパではヨモギの仲間は薬用だけでは無く、ヨモギ属特有の香りや生命力から“神秘の野草”と称えられ、水晶占いや呪術などに用いられたという。ヨーロッパにおける代表的なヨモギ属、タラゴン（エストラゴン）は古代ギリシャでは重要な薬草のひとつで、医学の父であるヒポクラテスは毒蛇や毒虫に噛まれた時の毒消しに用いたといわれる。現在でもフランス料理には欠かせないハーブとしてエスカルゴ料理やタルタルソースに使用されている。

さらにお隣の韓国では伝統的民間療法として約600年ほど前から「よもぎ蒸し」が知られ、女性は下半身が芯から温められるとして古来から伝承されている。

我が国におけるヨモギの活用は北から南へバラエティーに富んでいる。例を挙げればきりがないが、北海道では鍼灸の「お灸」に使う艾（もぐさ）を、これはオオヨモギの腺毛を集めたもので作られたものだが、アイヌ語でノヤと呼んで神事などに活用したり、江戸時代に伊吹もぐさの名で、中山道の柏原宿の名を有名にした逸話も残る。沖縄は主にフーチバー（ニショモギ）の愛称で薬味や沖縄ソバなどに使用、ヤギ汁の臭みをとる役目にも重宝されている。

こうしてヨモギは古来から世界各国でいろいろな場面で活用されてきた、人々の生活には欠かせない“神秘の野草”だったのだ。

タラゴン

野草の達人 01

造園家·樹木医・ネイチャーガイド
自然観察会“みちくさ部”主宰

佐々木知幸（ささきともゆき）

“部長マジック”に野草の観察点が180度変わった!

部長の一言が野草の魅力を引き立て、より一層健気で美しくアーティスティックに感じてしまう

鎌倉を拠点とした自然観察会“みちくさ部”を主宰している佐々木さん。僕たちは親しみを込めて“部長”と呼んでいる。

草木のネイチャーガイドとしていつも刺激をうけ、僕がとても尊敬している講師の一人

出会ったのは確か一年前の冬、横浜市旭区の西谷駅周辺の植物観察の時だ。二人で最初に観た植物は、赤みがかかったトウダイグサだったと思う。僕が普段見ていなかった植物の情景や背景を、地質学や歴史学などを交え丁寧に、細かく解説して下さった。こうして沢山の植物の魅力を部長から教えていただいた。中でも印象的だったのは鎌倉に生えているイヌノフグリやケイワタバコ、シロバナタチツボスミレ、ヤドリギなどなど。

いい歳をした大人二人が、地面を這うように植物を観察し、その構造やなぜそこに生えているかを教えてもらう。部長との出会いで植物の観察点がこれまでと180度変化し、さらなる野草の魅力を知る事ができた。

アメリカフウロ

Geranium carolinianum

亜米利加風露
フウロソウ科フウロソウ属／一年草

北アメリカ原産で昭和初期に日本に入ってきた帰化植物。花は薄いピンクで花弁が5枚、まるで地面に咲く桜のようだ。同じフウロソウ科で日本原産の薬草、ゲンノショウコがある。アメリカフウロの花期は4～6月頃、ゲンノショウコは7～9月頃で見わける。

オランダミミナグサ

Cerastium glomeratum

阿蘭耳菜草
ナデシコ科ミミナグサ属／一年草

ハコベ類などと同様に比較的に身近で簡単に出会う野草だ。原産はヨーロッパで非常に繁殖力が強い。全体的に明るい黄緑色をしており、似た在来種のミミナグサは、全体的にアンティークがかった紫色をしているのが特徴。耳菜草の名は可愛らしい葉がネズミの耳に似ていることに由来した。

カタクリ

Erythronium japonicum

片栗
ユリ科カタクリ属／多年草

カタクリは北海道や本州、まれに四国で見られる。古名は堅香子（カタカゴ）といって万葉人から愛された花である。この鱗茎から抽出したデンプンの粉が本来の片栗粉。ニリンソウやセツブンソウなどと共に春の山野草の代名詞だが、最近では乱獲や開拓地の影響で貴重な植物となってしまった。

キュウリグサ

Trigonotis peduncularis

胡瓜草
ムラサキ科キュウリグサ属／越年草

3～6月に土手や畑の脇などに生え、ワスレナグサを小さくしたような淡青紫色の花を咲かす。名前の由来通り、葉っぱを揉むとキュウリの香りがする。野草レクチャーの参加者には、必ず体験してもらうネタのひとつだ。

セントウソウ

Chamaele decumbens

仙洞草
セリ科セントウソウ属／多年草

里山や林の中など人里離れた環境を好みひっそりと咲くセリ科の日本固有種。同じ時期のセリ科ではヤブジラミ、オヤブジラミ(P.47)、ヤブニンジン、シャクなどがあり、本種が最も花期が早いので先頭草、あるいは仙人が住みそうな洞窟の前に生える意味合いで仙洞草など俗説ははっきりしてないが、どちらも納得する由来である。同じ場所に毒草のムラサキケマンやジロボウエンゴサクなどが生えるので、摘む時は非常に注意が必要だ。

ツボクサ

Centella asiatica

壺草
セリ科ツボクサ属／多年草

ツボクサのツボは壺または坪とも書き、庭に生えるという意味だ。チドメグサのように茎は地を這い、節から根をだして増えていくのが特徴だ。葉は直径約5cmの腎円形で不揃いの鋸歯がある。アーユルヴェーダではインドの正統バラモン教思想における最高原理、ブラフマンの知恵に由来するブラフミと呼ばれたり、中国では積雪草という生薬名で、古来から神聖なる薬草として親しまれてきた。

チドメグサ

Hydrocotyle sibthorpioides

血止草
ウコギ科チドメグサ属／多年草

小さく湿っぽい岩の隙間など、苔(チマキゴケやジャゴケ)などが生えているところにへばりついて、地を這うかたちで成長していく。古来は葉を止血に用いた事から血止草と呼ばれている。セリっぽい香りがするので、サラダにトッピングすると見た目だけでなく味も楽しむことができる。

ハハコグサ

Gnaphalium affine

母子草
キク科ハハコグサ属／一年草

和名は全体を覆う白い綿毛と優しいぬくもりを感じる花序から、母が子を包み込むような柔らかな優しさを連想させるとして名づけられた。畑や水田のわきに生え、春の七草に御形(ゴギョウ)の名前で登場している。古くはヨモギより先に草団子の材料として使われ、桃の節句の団子を作っていたそうだ。仲間にチチコグサ、ウラジロチチコグサやタチチチコグサ。

チチコグサ

セイタカハハコグサ(右)

アメリカタカサブロウ

Eclipta alba

亜米利加高三郎
キク科タカサブロウ属／一年草

水田や湿地帯を好み、水田の野草の中で僕の大好きな野草の一つだ。一度聞いたら忘れないインパクトの大きな和名と、白いミニチュアヒマワリの様な花をつける姿、独特な立ち振る舞いに一目惚れしてしまった。アーユルヴェーダのハーブ医学によれば、髪の毛に最もよいハーブ薬として紹介されている。旱蓮草(カンレンソウ)の名で生薬としても古来から親しまれている。

種子

ユリワサビ

Wasabia tenuis

百合山葵
アブラナ科ワサビ属／多年草

初めて出会ったのは高尾山で、ハナネコノメソウにまじって、存在感溢れる純白の十字形の花を清楚に咲かせていた。近くにはニリンソウやアズマイチゲなどが咲き競っていたが、僕は何故か夢中になった。タネツケバナより大きく、ワサビより小柄で、非常に美しく上品な趣き。ユリワサビの由来はユリの百合根に似ることから。

ワダン

Crepidiastrum platyphyllum

海菜
キク科アゼトウナ属／多年草

海岸の岩場などにはえる海浜植物。沖縄などでンジャナ(苦菜)と呼ばれ、沖縄野菜として親しまれているホソバワダンは、西日本の海岸に分布する。これに対して、本種のワダンは千葉、神奈川、静岡等に分布する。花はタビラコに似ており、先に鋸歯がある舌状花で構成され、葉はまるでキャベツのように丸みがあって密に重なって付いている。ホソバワダン同様に生で食べると非常に苦いので、さっと湯がいてピーナッツ和えや白和えなどが、苦味が活かされ美味しい。

ホソバワダン

ハマニガナ

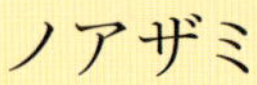

ノアザミ

Cirsium japonicum

野薊
キク科アザミ属／多年草

日本はアザミ大国であり、約100種があるとされている。その中でもよく出会うのがノアザミとノハラアザミだ。ノアザミの総苞片が粘着質なのに対して、ノハラアザミは粘着質ではない。昔は当たり前の様に見ていたが最近ではあまり出会わなくなった気がする。あの鮮やかな紫と暴力的な棘とのギャップがなんとも言えない。

蕾

シロバナノアザミ

ノヂシャ

Valerianella locusta

野萵苣
スイカズラ科ノヂシャ属／一年草~二年草

ヨーロッパ原産の帰化植物で、江戸時代に長崎で栽培されたのが野生化し広がったといわれている。欧米ではコーンサラダと呼ばれ、サラダ用ハーブとして親しまれている。柔らかい葉とキュウリグサのような小さな花がとても愛らしい。

シロノヂシャ

ヤブレガサ

Syneilesis palmata

破れ傘
キク科ヤブレガサ属／多年草

山野や里山のやや乾いた場所や斜面に見られる。名前の通り、葉っぱの形が面白く、早春に出る白い毛に覆われた芽は、お浸しや汁物などで食べる。香りやシャキシャキした食感が美味しい。

ゼンマイ

Osmunda japonica

薇
ゼンマイ科ゼンマイ属／多年草

渓流のそばや水気の多いところに生え、若い葉は佃煮などにして食べる。柔らかい食感とコクのある風味が最高だ。胞子葉の男ゼンマイと栄養葉の女ゼンマイがあり、男ゼンマイを採るとその後再生しなくなるため採ってはならないとされている。

クサソテツ

Matteuccia struthiopteris

草蘇鉄
イワデンダ科クサソテツ属／多年草

若芽をコゴミと呼び、山菜愛好家からとても人気がある。コゴミの由来は先端が巻き込んだ若葉の姿が、かがんでいるように見えることから由来したとされる。山菜の中でもアクが少なくさっと湯がいてエビなどとマヨネーズ炒めで食べると絶品だ。

コシアブラ

Chengiopanax sciadophylloides

漉油
ウコギ科ウコギ属／落葉高木

コシアブラは樹脂から金漆（ごんぜつ）と呼ぶ塗料を漉しとったところから、漉油の名で呼ばれるようになった。春の山菜はほぼウコギ科の植物の新芽である。ハリギリ、タカノツメ、ヤマウコギ、タラノキ、ウドなど。その中でも口に入れた時の香りは群を抜いてナンバーワンがコシアブラ。柑橘っぽい上品な風味は、さすがに“山菜の女王”と呼ばれるだけはある。秋の黄葉も風情がある。

ミツマタ

Edgeworthia chrysantha

三叉
ジンチョウゲ科ミツマタ属／落葉樹

名前の由来通り、きちんと三つに分かれた枝から、黄色やオレンジ色をした花を咲かせる。またミツマタと言えばコウゾ、ガンピについで樹皮を製紙原料にすることでも有名で、戦国時代から生活に必要な有用植物として貴重であった。僕が初めてミツマタに出会ったのは小学2年生の頃、英彦山神宮の参道だ。落葉樹で葉が一枚もない姿、花だけが黄色で高貴に輝き、いつの間にか見惚れてしまった。

ボケ

Chaenomeles speciosa

木瓜
バラ科ボケ属／落葉低木

中国原産で庭木や公園樹として人気。和名の由来は花が終わると瓜のような実を木につけることから、木瓜（もけ）と呼ばれそれがボケに転化した。平安時代に中国から渡来し、家紋では木瓜紋（もっこうもん）で親しまれ、多くの武士、幕臣が家紋として使用している。似ているカリンやマルメロ同様に、ボケの実も果実酒にすると疲労回復に良いとされている。

ボケの実

モモ

Amygdalus persica

桃
バラ科モモ属／落葉小高木

モモの語源には諸説あり、熟すと赤くなることから燃え美（もみ）や、沢山の実をつけることから百（もも）とする説などがある。春先に同じバラ科のサクラやウメよりも、存在感のある濃いピンクの花を咲かせる。中国では果実の核を桃仁（トウニン）と呼び、6〜7月頃に熟した果実の核を割り、桃仁を取り出して天日干しにし、血のめぐりや腸の運動を改善する生薬として用いる。

アスナロ

Thujopsis dolabrata

翌檜
ヒノキ科アスナロ属／常緑針葉樹

初めて出会ったのは佐渡島。佐渡ではアテビと呼び、古来から木材として珍重されてきた。耐久性があり、防虫効果があることから木造建築の木材として利用され「アスナロで建てた家には、蚊が近寄らない」という言い伝えが残っている。“明日は檜に成ろう”というのが和名の由来だが、アスナロの葉の美しさや香りなどはヒノキに劣らず魅力的だ。

葉の裏

シャリンバイ

Rhaphiolepis indica var. umbellata

車輪梅
バラ科シャリンバイ属／常緑低木

シャリンバイは海岸近くの林などに生える、また大気汚染に強い事から公園樹や庭木などにも定着してきている。葉は枝先に車輪状につき花は梅の花に似ることから車輪梅の名に。奄美大島の大島紬ではシャリンバイの幹や枝を染料に使用する。

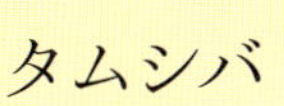

タムシバ

Magnolia salicifolia

田虫葉
モクレン科モクレン属／落葉小高木

別名カムシバ（噛む柴）で、噛むと甘みが有るそうだが実際に噛んでみて、僕は甘いと感じた事が一度もない。蕾は漢方薬では「辛夷」として親しまれ、最近では和の香りとしてクロモジやショウブ同様に、このタムシバもニオイコブシという名で香りの世界から再び脚光を集めている。花は白鳥のごとく純白で、花弁はバレリーナのようにしなやかである。同じモクレン属のコブシは花のすぐ下に、小さな葉っぱがあることで見分ける。

コブシ

タラの芽

タラノキ

Aralia elata

楤木
ウコギ科タラノキ属／落葉低木

タラノキの新芽であるタラノメは、アクが少なく食べやすい。そしてマイルドで上質なタンパク質を含むので“山のバター”として愛されている。海老に似た味がすることから山海老と言われたり、老若男女に愛されていることから山菜の王様として不動の地位を築いている。近年は乱獲が目立つ。来年の事を考えて、新芽は三つ出ていたら二つは残しておいて欲しい。

春の毒草たちを見分ける

春先は野草好きや山菜愛好家にとって、待ちに待った芽吹きの季節。
新芽を摘んで、天ぷらに、お浸しに……心躍るときでもある。
が、ちょっと待って！　野には毒草が潜んでいる。間違えて摘んで誤食してしまい、
食中毒を起したり、場合によっては死にいたるケースもあるので非常に危険だ。
たくさんの毒草がある中で、身近で間違えやすい春の芽ばえ時期の毒草を紹介する。

ケキツネノボタン

Ranunculus cantoniensis

毛狐の牡丹／キンポウゲ科キンポウゲ属／多年草

ケキツネノボタンは、セリなどが育つ、田んぼや畦道などに生えるキンポウゲ科の毒草。セリやミツバを摘む時には注意が必要で、混入しないように気をつけよう。セリやミツバに比べ、ケキツネノボタンは全体的に毛が多く、葉っぱや茎がざらついているのが特徴だ。根もセリやミツバが白いひげ根状なのに対して、ケキツネノボタンはひげ根にならず塊のような根茎になっている。

毒ケキツネノボタン

トウダイグサ

Euphorbia helioscopia

灯台草／トウダイグサ科トウダイグサ属／越年草

トウダイグサは道端や田んぼなど、人里近くに生える毒草。見た目の柔らかな雰囲気と淡い黄緑の色合いが美しくて、一見美味しそうだが、茎や葉をちぎると白い乳液が出てくる。この乳液にユーフォルビンなどの毒成分が含まれ、さわるとかぶれるだけでなく、中毒を引き起こすケースも。触ったり、食べたりは危険なので、目で見て楽しもう。仲間のナツトウダイやタカトウダイ、ノウルシも毒草。

ノボロギク

Senecio vulgaris

野襤褸菊／キク科キオン属／一年草

ノボロギクはヨーロッパ原産の帰化植物。明治のはじめに渡来したと考えられ、道ばたや畑などに生えている。芽生えの姿がヨモギやシュンギクと間違えられる。葉っぱに光沢があり、黄色い花は管状になって開かない。白い綿毛をつけ、それを襤褸(ぼろ)に見立てて名づけられた。全草にピロリジジン・アルカロイドといった肝機能障害や発がん性の高い有毒成分を含むので誤食は危険だ。

ムラサキケマン

Corydalis incisa

紫華鬘／ケシ科キケマン属／越年草

ムラサキケマンは日陰で少し湿っぽい環境を好むケシ科の毒草だ。花は紫色で非常に美しいが、花の咲く前がセリ科のセントウソウ、ヤブジラミ、オヤブジラミ、セリ等と似ていて、間違えてしまうケースが多い。特徴としては丸みを帯びた鋸歯と葉に白い波紋が入るケースが多い。またセリ科植物特有の芳香に比べ、ムラサキケマンは切り口からはセリ科のような爽やかな匂いはしない。仲間のカラクサケマン、キケマン、ミヤマキケマンなども毒草。

左から、ホトケノザ、ヒメオドリコソウ、一番右が毒草のムラサキケマン

ウラシマソウ

Arisaema urashima

浦島草／サトイモ科テンナンショウ属／多年草

ウラシマソウは木陰や少し湿っぽい林の中に生えるサトイモ科の毒草だ。昔は飢饉の時に煮こぼして有毒成分を除去して食用に用いたそうだが、決して手を出さないで欲しい。有毒成分にはシュウ酸カルシウムの結晶体やサポニン配糖体が含まれ、カルシウム欠乏症や、肌のかぶれなどの諸症状を引き起こす。同じテンナンショウ属のムラサキマムシグサ、ムサシアブミ、ユキモチソウ、ミミガタテンナンショウなども同様である。

クサノオウ

Chelidonium majus var. *asiaticum*

瘡の王／ケシ科クサノオウ属／越年草

クサノオウは日当たりの良い道端や里山などに生えるケシ科の植物。ヤマブキに似た美しい花を咲かせ里山では遠くに居てもすぐに気づく。全体的に粗い毛におおわれ、葉や茎をちぎると黄色い汁が出てくる。この汁に触れると肌が荒れたり炎症を起こす。全草に有毒なアルカロイドを含み、誤食すると消化器内の粘膜がただれる。

あれもこれも毒草

フクジュソウ

スズラン

ウマノアシガタ

イヌサフラン

ヒメウズ

海の野草に魅せられて

海藻の押し葉

野原や河川敷に生える野草のように、浜辺を歩いていると沢山の海藻に出会う。その色や形はバラエティーに富んでいて、真っ赤だったり、深い緑だったり、ゴツゴツしてサンゴみたいなものや、ヌルヌルしていてイカの足のようなものなど、見た目だけでも大いに楽しませてくれる。

毎日の食卓の中でも、ワカメの酢の物やヒジキの煮付け、モズク酢をはじめ、刺身のつまに添えてあるトサカノリ、トコロテンに使用されるマクサ、おきゅうとの原料になるエゴノリ、出汁をとるリシリコンブなどなど、海藻との付き合いは数え上げればきりがない。

四方を海に囲まれた日本では、古来から海藻を上手く活用し付き合ってきた。飛鳥・奈良時代には律令制の元で、海藻が租税として納められていたことが記録に残されている。また8世紀初頭に制定された大宝律令には30種類もの海藻の名が記されているのだ。

海藻も先人達が築き上げた有用植物であり、僕は「海の野草」と考えて、観察会やセミナーを開催してきた。

アラメ

Eisenia bicyclis

荒布／レッソニア科アラメ属

アラメは浜辺によく打ち上げられている褐藻類で、2年目から茎の上部が分岐するのが特徴だ。海水に一晩さらして渋を抜き、茹でてから乾燥させる。使用後は水につけてふやかし佃煮にすると美味しい。

ウミウチワ

Padina arborescens

海団扇／アミジグサ科ウミウチワ属

ウミウチワは名前のとおりとてもユニークな形状の海藻で、本当に団扇のようで愛らしい。タイドプール（潮溜まり）などで見ることができる。

アオサラーメン

ヒトエグサ

Monostroma nitidum

一重草／ヒトエグサ科ヒトエグサ属

食用のアオサ類の中で一番メジャーな海藻がこのヒトエグサ。ヒラヒラと海中で揺れる姿はとても美しい。沖縄ではアーサーと呼ばれ、「海苔の佃煮」にされるのは主に本種である。

ヒジキ

Sargassum fusiforme

鹿尾菜／ホンダワラ科ホンダワラ属

海の中のヒジキを初めて目にしたのは、神奈川県の三浦海岸。岩肌を埋め尽くすヒジキの赤ちゃん（新芽）は、遠くに居ても金色に輝くので直ぐにそれと分かる。ワカメやモズクに並び重要な食用海藻のひとつ。

ヒジキとリンゴのマヨネーズ和え

スサビノリ

Porphyra yezoensis

荒び海苔／ウシケノリ科アマノリ属

初めての出会いは神奈川県の真鶴半島。体は薄く滑りがあり、色は赤褐色だ。食べてみると海の香りが強くとても美味しかった。千葉県では正月の雑煮にスサビノリを入れる風習が残っている。

マクサ

Gelidium elegans

真草／テングサ科テングサ属

マクサは寒天やところてんの材料となるテングサと呼ばれる海藻類の代表。3~5月頃に浜に打ち上げられたマクサを見かけるが、古くなったり雨に打たれたりして、緑、白、ピンクと様々な色に変化し、その姿はまさに浜辺のカメレオンだ。

ユナ

Chondria crassicaulis

湯女／フジマツモ科ヤナギノリ属

ユナという紅藻類と初めて出会ったのは佐渡島の海岸だ。見た瞬間はイソギンチャクかと思う程、独特な存在感。ユナに触れた手は独特な香りが残り、後から調べてみるとその香りは湯上がりの女性になぞらえる説があるとか。

ミル

Codium fragile

海松／ミル科ミル属

ミルは日本人の文化にとても関わっている海藻のひとつ。色の伝統色として海松色があったり、海松紋の染付皿は江戸時代の頃から親しまれている。実際に触ってみると柔らかくフェルトのような質感があり、とても癒される。

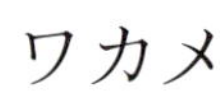

ワカメ

Undaria pinnatifida

若布／チガイソ科ワカメ属

ワカメはすでに奈良時代から宮中への献上品や租税としても扱われるなど、古来より日本人にとって最も親しまれてきた海藻。3~5月にかけて、北海道~九州の磯にごく普通に見かける。伊豆の浜辺で打ち上げられたワカメを見た時は、味噌汁などで食べているワカメとは色や雰囲気がガラリと異なり、驚いたことを覚えている。現在、僕たちが食べているワカメは国内需要の7割以上が輸入品に頼っている。

野草の達人 02

海藻研究者
長崎大学 水産・環境科学総合研究科
環境科学領域 准教授

飯間雅文

(いいま まさふみ)

海藻を有用植物として活用しようと決意させてくれた人

長崎大学まで出かけ、先生に会って直接レクチャーを受けた事は、僕の海藻研究において非常に心強いものとなった

飯間先生と出会ったのは2017年の8月頃のこと。僕は海藻の分類や海藻と人間の関わりなどが知りたくて、SNSやネットなどで海藻研究者を探し、長崎大学で海藻を専門に研究されている先生を見つけた。最初は一方的にメールや電話で質問をして、先生はそれに対して丁寧に写真や解説などを付け加えて返答してくださった。

あるとき、福岡に帰る予定があり1日だけ飯間先生とスケジュールが合い、高速バスに飛び乗って長崎大学へ向かった。台風が接近している嵐の日だったことを、今でも鮮明に覚えている。先生の研究室で美しい海藻押し花を惜しみなく見せてもらい、あまりの美しさに僕は言葉を失った。海藻押し花の作り方や海藻と人類の接点、そして身近な海藻の見分け方などをわかりやすく丁寧に教えていただいた。「海藻を有用植物として活用する」点で、自信をもって取り組んでいこうと決意するきっかけになった師である。

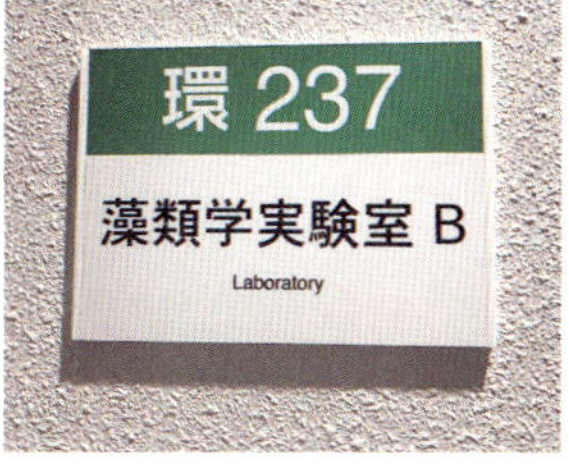

アオサ目緑藻の生活史、アオサ目緑藻による環境指標、緑藻ヒメアオノリの種分化などをテーマに研究されている

野草ハーバルバスでリラックス

疲れを癒やすバスタイムにも野草は大活躍する。
日本のハーブとして人気のセキショウをはじめ、マツやクロモジ、セイタカアワダチソウだって
リラックスにお役立ち。香る野草から体に効く野草、疲労回復に役立つ野草まで、
いろんな野草を組み合わせてオリジナルなハーバルバスを楽しもう。

フジバカマ湯

地上部の全草を日陰に干す、またはフレッシュ状態で細かく刻み、ネットに詰める。桜葉のような香りが浴室に広がり、皮膚の痒みや疲労回復に最適。

マツ湯

マツ科は葉が柔らかなアカマツがオススメ。精油成分の作用で神経痛、リウマチ、肩凝りなどによい。生クリームの効果でお肌がもちもちしっとり。

クロモジ湯

柑橘系のような爽やかな香りが浴室中に広がり、とてもリラックス出来る。新陳代謝を促進し精神安定に。

セキショウ湯

鎮痛効果があるテルペンを成分とする。スーっとする香りが特徴的で、手足の冷えや筋肉痛によいとされる。

フウトウカズラ湯

ヒハツモドキなどと同じコショウ科コショウ属の海辺近くに生える植物。身体が良く温まり肩凝りなどに最適。

ラベンダー湯

地中海原産のシソ科の常緑小低木で、独特のさわやかな香りはハーブの中でも人気があり、風邪、疲労回復、精神安定などに。

セイタカアワダチソウ湯

ヨモギのようなキク科特有のスッキリした香りがとても心地よい。保湿効果や手足の冷えなどに最適。

サクラ湯

最も薬草湯で用いられるのは八重桜のカンザン(関山)。花や新芽などを利用する。ほのかな香りが気分を和らげ安眠や美容にも効果的。

バスソルト

天日海塩や自然塩と身近な野草を用いた野草のバスソルトは、発汗を促して体内の老廃物を除去し血行を良くするので、汗ばむような夏に最適。

夏の野草たち

夏、元気をいただく

夏は野草も元気いっぱい。 太陽の日差しをものともせず、
真っ白な花を咲かせるドクダミが妖艶な臭いを放ち、
ツユクサやコヒルガオ、ヤブカンゾウといった
個性あふれる野草たちが次々に花を咲かせる。
そんな野草たちのパワーを体に取り入れる。

総苞片

ドクダミ

Houttuynia cordata

蕺草／ドクダミ科ドクダミ属／多年草

日陰などの湿地を好むドクダミ。僕が幼かった頃、実家ではトイレの四隅に摘んだばかりのドクダミが吊り下げられていた。最初の2、3日はドクダミの香りが強く、子ども心に不快な気分だった。ところが4日目あたりから不思議に、ドクダミの香りもトイレの臭いも消えていたことを思い出す。後に調べてみると、ドクダミの生葉は抗菌作用や消臭作用があるとのこと。母の暮らしの知恵に脱帽する。

花の説明

ドクダミのハート形の葉っぱと、6～7月にかけて白い花びらのように見える苞（ほう）が印象的。花は中心部の黄色い部分で、たくさんの小さな花が集まって咲いている。独特な香りからマイナスイメージを持たれやすいが、改めてドクダミと向き合ってみると、とても清楚で上品な花であることがよくわかる。

食べてみると

十の病気に効くことから、別名“十薬”とも呼ばれ、民間療法薬として江戸時代から愛されている野草だ。全草を干してお茶にするのが一般的だが、フリット（揚げ物）にすると匂いが抑えられ、またパクチーの代わりにドクダミを使ったフォーなどもおすすめ。

ドクダミ茶

レモン塩が独特の風味を引き出す

ドクダミのフォー

材料

ドクダミの葉……10枚
レモンスライス……4枚
鶏もも肉……1枚
パクチー……好きなだけ
水……400ml
レモン塩……小さじ2
鶏ガラ……小さじ2
フォー……200g

1 フォー麺は水につけて戻しておく。ドクダミは生のまま食べやすい大きさに刻み、鶏もも肉も食べやすい大きさに削ぎ切りにする。
2 鍋に鶏もも肉、水、レモン塩、鶏ガラをいれ弱火で10分加熱する。
3 鍋にお湯を沸かしてフォー麺を茹で、器にもってドクダミとレモンスライスをトッピングする。

暮らしの知恵

ドクダミで染めることで白い苞から想像できない、やさしい黄色に染まる。

ドクダミの消臭フレグランス

摘んだドクダミをそのまま玄関に。梅雨時の嫌な臭いも一気に解消。

ドクダミチンキ

洗って乾燥させたドクダミを密閉容器に入れてホワイトリカーを注ぐだけ。虫刺されなどの皮膚トラブルに大活躍。

ドクダミの仲間

ヤエドクダミ

ツユクサ

Commelina communis

露草／ツユクサ科ツユクサ属／一年草

ツユクサと言えばあの美しい、鮮やかさの中に明るいトーンが特徴的な青色の花が有名。日本の伝統色にも露草色があるくらい、日本人の心の中に溶け込んでいる大和ブルーと言えるだろう。ツユクサは朝に咲き昼に萎む。これが朝露を連想させるので露草と名づけられたという説や、青い花弁の色が衣服に付着しやすいことから"着き草"とも言われ、ツユクサになったという説もある。

花の説明

花はミッキーマウスのような青い花弁2枚に、雄しべや雌しべの下に白い3枚目の花弁が隠れていて、愛敬たっぷりの造り。

食べてみると

野草初心者でも見分けやすいので、夏場の柔らかい新芽を摘み、卵スープや白和えなどにするとクセがなく楽しめる。湯がいてもみどりが鮮やかなのもポイント。

淡いブルーが夏の演出にぴったり

ツユクサシャーベット

材料

ツユクサの葉の青汁……200g
レモン水……50g
グラニュー糖……45g~60g
ゼラチン……2.5g
水……大さじ1

1. ゼラチンに大さじ1の水を入れてふやかしておく。
2. 鍋にツユクサの青汁、レモン水、砂糖を入れて火にかけ、かき混ぜながら砂糖を溶かす。沸騰直前で火を止め**1**のゼラチンを入れて予熱で溶かす。
3. ゼラチンの溶け残りがないことを確認したら、バットなどの容器に入れ、粗熱をとり、冷凍庫で冷やし固める。

さっぱりした味わいが癖になる

ツユクサの春雨スープ

材料

ツユクサ全草……適量
人参……4分の1
玉ねぎ……4分の1
春雨（乾）……40g（戻しておく）
中華スープ……300cc

1 鍋に中華スープを沸かして春雨を入れる。続いてツユクサ、人参、玉ねぎを食べやすい大きさに刻んで入れる。
2 最後に白胡麻を散らして器に盛りつけたら完成。

夏の滋養スイーツ

ツユクサ団子

材料

ツユクサの葉……15枚
白玉粉……150g
水……適量

1 ツユクサの葉はさっと湯がきミキサーなどでペースト状にする。
2 ボールに白玉粉を入れ、そこにペーストしたツユクサと水を足していき、耳たぶほどの柔らかになったら平たい団子に形成し、鍋で湯がく。

1

ツユクサの仲間

ウスイロツユクサ

ホウライツユクサ

マルバツユクサ

ノハカタカラクサ

ミドリハカタカラクサ

コヒルガオ

Calystegia hederacea

小昼顔／ヒルガオ科ヒルガオ属／つる性多年草

コヒルガオはヒルガオより小型で、昼間に咲くのでこの名がつけられた。近ごろはヒルガオよりコヒルガオを見かけることが多い。見わけるポイントは、コヒルガオは葉の基部に耳があり、花柄はフリルのように翼がある。それに対してヒルガオは花柄には翼はなく、葉の基部の耳は裂けない。また両者の特徴を持ち合わせたアイノコヒルガオもよく見かける。

花の説明

朝咲いて夕方には萎むアサガオとは違い、アサガオほど派手ではないが、淡いピンクの漏斗状の花冠に白い星型の筋が入った愛らしい花を日中に咲かせる。真夏にぴったりな涼しげな花だ。

Tomomichi's Eye

コヒルガオとヒルガオを見わける明確なポイントは葉っぱのカタチ。愛らしい花に出会ったら、葉っぱを観察してみよう。

食べてみると

ソーメンやかき氷などにこの花を添えるだけで、いつも以上に夏が好きになりそうだ。もちろん、花も葉っぱもツルも食べられ、芽先はスープなどに。ただし、アサガオ系の野草なら何でも食べられるわけではなく、ムラサキ色の花を咲かせるノアサガオの種は強い下剤なので食べないように。

2

葉っぱのカタチが楽しい

コヒルガオのマフィン

材料

コヒルガオ……適量
薄力粉……100g
ココナッツオイル……大さじ2
キビ砂糖……大さじ2
卵……1個
牛乳……50cc
アルミニウムフリーベーキングパウダー……大さじ1.5
牛乳……適量

1 コヒルガオを湯がいてあく取り。牛乳と一緒にミキサーにかける。
2 薄力粉等を混ぜて型に入れ、180℃のオーブンで25分。

ハマヒルガオのロワール

ロワールはインドネシアのお浸し

コヒルガオの仲間

ヒルガオ科は大半はつる性または茎が地面を這うものが多く、花弁は合生してラッパ状になり、1日でくしゃっと萎むものが多い。身近なヒルガオ科で意外に知られていないのがサツマイモ。コヒルガオと非常に似たヒルガオ科特有の花をつける。

センダングサ

Bidens biternata

梅檀草／キク科センダングサ属／一年草

果実
（コセンダングサ）

数あるセンダングサの種類の中で、在来種のセンダングサは僕が会いたい野草のひとつだった。人も植物も同じで、会いたいと強く思うほど必ず会える。とある夏、広島の吉田町で野草イベントがあり、乾いた畦道に黄色い舌状花が目立つセンダングサが咲いていた。あまりの嬉しさに何度シャッターを押しても興奮してブレるばかりだった。

花の説明

センダングサの葉っぱは梅檀の木とそっくり。日本中でも数が減っていて、変わって黄色い筒状花のコセンダングサや、白い舌状花を4～7個をつけるシロノセンダングサが目立つ。いずれも秋には棘を持った果実ができる。果実は平たくそして硬く、先端に数本の刺状突起があり、衣服などに引っ掛かかる性質がある。犬や猫などにひっつく果実がこの種の特徴で、いわゆるひっつき虫のひとつである。瀬戸内の地域ではこの果実を“鬼の矢”と呼ぶそうだ。

食べてみると

ちょっと苦味があって匂いもアクもきついので、若葉を摘んで食べる。天ぷらにして食べるのが一般的だが、カレーやチャーハン、五目御飯にすると香りが引き立つ。

近頃増えている野草を食べる

コセンダングサの五目ご飯

材料

コセンダングサの葉……20枚
米……2合
鳥もも肉……1枚
酒……大さじ2
醤油……小さじ2
人参……2分の1
こんにゃく……1枚
薄揚げ……1枚

調味料

味醂……大さじ2
塩……小さじ1
醤油……大さじ1
だしの素……5g

1 材料を全て細かい切っておく
2 米を炊く時、コセンダングサの葉以外の材料と調味料を入れ軽くかき混ぜる
3 五目ご飯が炊けてからコセンダングサの葉を細かく刻み炊飯器の中に入れてかきまぜる。

黒糖蜜でとろ〜りいただく

サシクサ団子

材料や作り方はツユクサ団子（P69参照）と同じ。サシクサ粉は沖縄などで販売され、手軽に入手できる。同じく沖縄や奄美の黒糖を湯で溶かし、蜜を作っていただく。摘んだサシクサの花を一輪添えるだけで、ちょっぴり豊かな野草スイーツになる。

センダングサの仲間

キク科センダングサの仲間は、先にも紹介したように、コセンダングサやコシロノセンダングサをはじめ、アイノコセンダングサ、アメリカセンダングサ、暖地で見られるオオバナノセンダングサ（別名アワユキセンダングサ）など数多い。とりわけ、アワユキセンダングサは、沖縄地方ではサシクサと呼ばれている。

コセンダングサ

アイノコセンダングサ

アメリカセンダングサ

コシロノセンダングサ

タチアワユキセンダングサ

ベニバナアワユキセンダングサ

アオミズ

Pilea pumila

青みず／イラクサ科ミズ属／一年草または多年草

夏場の湿った草地に生える。葉も茎も水分量が多く、名前のようにみずみずしい。全体的に青いのでアオミズという。同じミズ属で“ミズ”という野草もあり、こちらはアオミズに比べると葉の先の鋸歯が尖らず丸みを帯び、茎などが赤みを帯びるのが特徴。こちらもアオミズ同様にクセのない美味しさ。

ミズ

花の説明

シソのような葉っぱが2枚一組で向かい合っている。ミズとの違いは葉っぱの形、また、ミズの方が草丈が低いことが見分けのポイントになる。

食べてみると

アオミズは夏の野草の中でも非常に美味しい部類だ。アクが少ないので、湯がかずにそのまま塩揉みをして浅漬けのようにして食べると、セリに似た独特の香りとシャキシャキ感が楽しめる。

夏の終わり、青菜が不足する時期に

アオミズ シャキシャキサラダ

材料

アオミズの葉っぱ、花……30枚
塩……少々
オリーブオイル……少々

1 葉っぱと花はさっと洗って水気を切り、食べやすい大きさにカットしておく。
2 軽く塩もみをしてオリーブオイルでいただく。

歯ごたえとみずみずしさを味わう

アオミズと鶏肉のソテー

材料

アオミズ（茎）……5本
鶏ムネ肉……1枚
オリーブオイル……適量
塩……少々
人参……適量（生のまま飾る）

1 アオミズの葉っぱと茎を4cmくらいに切る。
2 オリーブオイルで鶏ムネ肉を炒める。
3 切ったアオミズを入れ、手早く炒め、塩で味つけする。

Tomomichi's Eye

山菜名と標準和名？　山菜名でミズやアカミズと呼ばれる同じイラクサ科の植物がある。こちらは標準和名の"ウワバミソウ"を示す。先出のミズとは異なり、ウワバミソウは葉が無柄で茎の節々にムカゴを作るのが特徴的だ。山菜名のミズや標準和名のミズで、時々僕も頭の中で混乱するが、山菜のシーズンが近づくに連れ、しっかり標準和名を整理しておかないとと思う。

アオミズの仲間

ウワバミソウ

アオミズの仲間はトキホコリやヤマミズなどがある。またアオミズに似ているが、みずみずしさがないヤブマオやアカソ、ラセイタソウなども仲間。

ヤマミズ

トキホコリ

ヤブマオ

クサコアカソ

ラセイタソウ

ヤナギタデ

Persicaria hydropiper

柳蓼／タデ科イヌタデ属／一年草

ヤナギタデと初めて出会ったのは多摩川だ。オニグルミやイヌキクイモなどが生い茂る土手を掻き分け、少し開けた場所でひと休みしていたら、普段目にすることのないタデ科の植物を発見した。まばらな総状花序と披針形の葉っぱから「ヤナギタデかな」と思い、かじってみると、あとから強い辛味がきて確信した。ことわざの"タデ食う虫も好き好き"はこのヤナギタデを示す。

花の説明

ヤナギタデは古くから食用にされていたタデ類。タデ鮎の塩焼きに使用するタデ酢や刺身のツマに使用される芽タデ用には、ヤナギタデを品種改良したムラサキタデなどが栽培されている。

食べてみると

ヤナギタデ（別名ホンタデ）のスッキリした辛味を利用して、普段のカレーにヤナギタデのペーストを加えるとかなりスパイシーなカレーに。個人的には今まで食べたカレーで一番美味しかった。

若葉

ひと味違う味に満足
ホンタデの大人カレー

材料
ホンタデの葉……30枚
豚ミンチ……250g
玉ねぎ……1/2個
人参……1/2本
ニンニク……適量
カレールー（好みのもの）……適量
水……4カップ

1 玉ねぎ、人参、ニンニクをみじん切りにしてホンタデの葉はミキサーなどでペースト状にしておく。
2 鍋に豚肉ミンチ、ニンニク、玉ねぎ、人参を入れて炒め、その後水をたす。
3 ニンジンなどが柔らかくなったらカレーのルーを入れ、味を見ながらペースト状にしたホンタデを加える。

蓼の本領発揮のサラダ
ホンタデのぴり辛コールスロー

材料
ホンタデのペースト……大さじ1
キャベツ葉……4枚
人参……4分の1
マヨネーズ……大さじ3
酢……大さじ1
塩……少々
胡椒……少々

1 ホンタデの葉っぱをミキサーにかけてペースト状にしておく。
2 キャベツとニンジンを食べやすい大きさに切ってさっと湯がく。
3 2をしっかり水気を切ってボールに移し、ホンタデのペースト、マヨネーズ、酢、塩、胡椒で味付けする。

1

2

3

ヤナギタデの仲間

アカマンマの名で知られるイヌタデ、オオイヌタデをはじめ、サクラタデ、シロバナサクラタデなどがある。葉をかじって辛いのがヤナギタデで、それ以外は辛味がまったくない。

イヌタデ

オオイヌタデ

ボントクタデ

オオケタデ

サクラタデ

シロバナサクラタデ

ヤブカンゾウ

Hemerocallis fulva var. kwanso

藪萱草／ススキノキ科ワスレグサ属／多年草

ヤブカンゾウは河原や畦道などに生えている。かつてはユリ科に属していた野草で、真夏にエネルギッシュなオレンジ色のユリに似た花を咲かせる。あまりの美しさに昔はこの花を見て、悲しみや苦しみを忘れることができたのだろうか。本種の別名は“ワスレグサ”と名付けられている。

芽生え

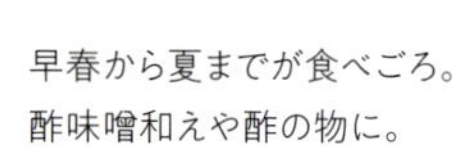

早春から夏までが食べごろ。
酢味噌和えや酢の物に。

花の説明

6～8月ごろ、オレンジ色をしたユリのような鮮やかな花を咲かせる。八重なので暑い時期にかなり目立つ。同じ属のノカンゾウは、同じくオレンジ色をしているが、こちらは一重の花が咲くことで区別する。

食べてみると

野草や山菜が芽吹く春になると「一番美味しい野草は何ですか？」と聞かれることが多い。僕は即答でヤブカンゾウの芽生えと答える。芽生えはアクが少なく甘みがあり、何よりもシャキシャキした食感は絶品だ。あまりの美味しさに摘む際には1か所から三分の一というルールを決めている。

シンプルな味付けがポイントに

ヤブカンゾウのバター炒め

材料

ヤブカンゾの芽生え……10束
バター……一欠片
塩……適量

1 フライパンにバターをひき、そこに綺麗に洗ったヤブカンゾウを入れて中火で炒める。
2 シンプルに塩で味つけし、ヤブカンゾウの甘味を閉じ込める。

ヤブカンゾウのとろとろ卵スープ

鮮やかな花色は、夏の元気を誘う。
疲れた時にさっと作れる便利なスープ。

鮮やかなオレンジが食欲をそそる

ヤブカンゾウの塩ラーメン

材料

ヤブカンゾウのつぼみ……10個
蒸し鶏……適量
中華めん……2玉
鶏がらスープの素……大さじ1
水……1L

1 お湯を沸かして麺を煮る。煮える直前に調味料を溶かし入れ、蒸し鶏を温める。
2 ヤブカンゾウのつぼみはさっと湯がき、フライパンで軽く炒めてから1にトッピングする。
3 1を器に入れ、ヤブカンゾウのつぼみを中央に盛りつけたら完成。

ヤブカンゾウの仲間

夏に咲く花や蕾も食べられる。鮮やかな花色は料理の彩りに最適。

ハマカンゾウの花を
分解してみた

ロゼット

メマツヨイグサ

Oenothera biennis

雌待宵草／アカバナ科マツヨイグサ属／越年草

メマツヨイグサは北アメリカ原産で、明治の中頃に観賞用として入って来た帰化植物である。空き地や河原などに、冬場はまるでミステリーサークルのようなロゼットを形成し、夏場にシュッと立ち上がり、レモン色をした4枚の花弁をもつ、とても美しい花を咲かせる。

花の説明

花は夕方開き翌朝しぼむので“夜を待つ花”ということで待宵草とついた。闇夜を好む美しい花は、妖艶で艶やかである。この色気で夜の虫をおびき寄せるのだ。

食べてみると

鮮やかな花色は、食欲増進のアクセントに。湯がいてさっと冷やし、甘酢に漬けて酢の物や冷奴のトッピングなどに重宝する。

暮らしの知恵

月見草オイル

メマツヨイグサはプリムローズ（月見草油）の名でも有用とされる植物で、 種子油は月経前症候群による生理痛を抑える時などに使用されることが多い。

メマツヨイグサの仲間

南アメリカ原産のマツヨイグサや北アメリカ原産のオオマツヨイグサ、 海岸などに多い北アメリカ原産のコマツヨイグサなどがある。 近ごろは小花のアカバナユウゲショウや、 ピンクが愛らしいヒルザキツキミソウが増えている。

マツヨイグサ

オオマツヨイグサ

コマツヨイグサ

アカバナユウゲショウ

ヒルザキツキミソウ

スベリヒユ

Portulaca oleracea

滑莧／スベリヒユ科スベリヒユ属／一年草

スベリヒユは畑や道端に生えている、夏を代表する野草。古くは平安時代の辞書である『和名抄』に“ウマヒユ”の名で食材として登場する。また茎が赤く、葉が緑、花が黄色で根が白く、実が黒いので、中国では“五行草”と呼ばれ、健康長寿の菜として愛されてきた。山形では“おひょう”と呼ばれ、生や乾燥したスベリヒユがスーパーで販売されている。

花の説明

真夏に青々とした葉っぱを地面を八方に広げて伸びている。7～9月頃に黄色い小さな花をつける。毒草のコニシキソウと並んで地を這っていることが多く、摘むときには注意が必要だ。

食べてみると

僕は夏バテしがちな頃にスベリヒユの柔らかいところを摘んで、さっと湯がいて冷水に浸し、それを刻んでオクラ、山芋、納豆、キムチ、マグロをまぜて、スベリヒユ丼にして食べる。スベリヒユの粘りと酸味が他の食材とマッチして、夏バテ予防にもってこいの一品だ。

スベリヒユの下処理

1 摘んだらさっと湯がいて冷水にとる。
2 食べやすいサイズにカットする。
3 ごま和えやきんぴら、 お浸しなどに。
4 乾燥すると保存食にもなる。

1

2

スベリヒユのスープ

下処理したスベリヒユをコンソメスープ仕立てに。

スベリヒユの仲間

ハナスベリヒユ

ハゼラン

ツルナ

Tetragonia tetragonioides

蔓菜／ハマミズナ科ツルナ属／多年草

“ニュージーランドのホウレンソウ”という別名をもつだけあって世界中に分布し、日本でも海岸の砂地に生えている。デパートなどのサラダコーナーで、ツルナによく似た葉っぱを目にすることがある。食べてみたら、食感や質感がツルナにそっくりだ。調べると同じハマミズナ科のアイスプラントだった。これを知ると、浜辺に行けば野生のアイスプラントを摘む楽しみができた。

花の説明

ツルナの名前の由来通り蔓状に砂浜を這い、ざらついた厚めの葉っぱが特徴的で、その葉腋（葉っぱの付け根）には黄色く愛らしい花を咲かせる。旬は7～9月だが3月頃から秋の終わりまで、一年を通して摘める。

食べてみると

癖がなく食べやすいので、さっと湯がいて湯でこぼし、パスタやお浸しに。さくっとした食感が夏の料理にふさわしい。サラダなどで生食する場合は芽先の新鮮なところを少しだけ。沖縄ではハマホウレンソウの名で親しまれている。

浜菜は冷やして味わう

ツルナの冷製ポタージュ

材料

ツルナの葉……20枚
ジャガイモ……1個
玉ねぎ……1/2個
バター……10g
コンソメキューブ……1個
水……500cc
塩胡椒……少々
豆乳……150cc

1 ツルナは細かく刻む。ジャガイモと玉ねぎは、皮を剥いたら薄切にする。
2 鍋にバターを入れて、玉ねぎ、ジャガイモ、ツルナをしっかり炒める。これを冷ましミキサーに入れてペースト状にする。
3 鍋に水を沸騰させ、コンソメキューブを溶かしてコンソメスープを作って2を加える。ジャガイモの芯が通ったら、粗熱をとり冷蔵庫で冷やし豆乳をい入れ、塩胡椒で味を整える。

1

2

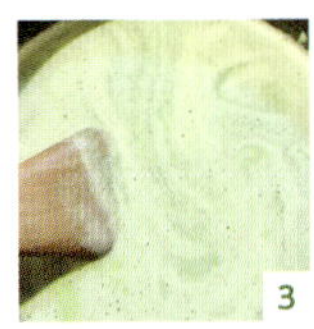

3

ハマゴウ

Vitex rotundifolia

浜栲／シソ科ハマゴウ属／常緑小低木

ハマゴウは海岸の砂浜などに生えるシソ科常緑低木の海浜植物。白砂の浜辺にハマゴウの紫と海の青がとても美しく、夏の浜辺を彩る。ハマゴウは漢字で浜香と書くこともあり、古くは香としても用いられた。また生薬名でハマゴウの果実を蔓荊子（まんけいし）、葉っぱを蔓荊葉（まんけいよう）といい、鎮痛や消炎を目的として古くから用いられた薬草でもある。

花の説明

花期は7〜10月あたりと長く、ラベンダーのように鮮やかで青紫色をした唇形の花を咲かせる。葉っぱは楕円形で裏面が白い。海岸の砂地を這って伸びるのは蔓ではなく枝。

食べてみると

ハッカに似たさわやかな香りがあるので、摘んだ葉っぱをそのままお茶にしたり、ハマゴウバターなどにして、香りを活かす。実はスパイシー。いずれも利用は少量に。

食欲をそそる逸品に

ハマゴウバター

材料

ハマゴウ葉（ドライ）……5枚
バター……100g

1 バターを常温にしておき、よく混ぜる。
2 ハマゴウの葉をミルサーで少し粗めに細かくし、1のバターに混ぜたら完成。

花が終わった後にできる真ん丸い実の中に種ができる。

イネ科の植物

カズノコグサ

日本には550種類ものイネ科植物が

イネ科植物はこの地球上で最も繁栄する植物ではないだろうか。世界的にみてもイネ科植物は約1万種あると言われ、日本には約550種類が分布していると言われている。

チューリップやヒマワリなどのような派手な花のグループではないが、麦、米、トウモロコシ、サトウキビなどといった、なくてはならない有用植物や、西洋ハーブではコウスイガヤ（レモングラス）、野草ではチガヤ、エノコログサ、マコモなど、幅広い分野で我々のライフスタイルの一部に溶け込んでいる植物でもあるのだ。

カラスムギ

コバンソウ

風になびく姿がなんとも愛らしい

イネ科植物の特徴として、風をうまく利用し受粉する風媒花であることがあげられる。したがって植物の構造も風を熟知した造りになっている。決して派手さはないが、風の流れに身をまかせ、まるで水中を泳ぐ魚の様にサラサラと風になびく姿を見ると、こちらまで心地よい気分になる。一つひとつイネ科も観察してみると、こんなにもスタイリッシュでお洒落な植物はないと僕は思った。

チガヤ

ムギクサ

エノコログサ

Setaria viridis

狗尾草／イネ科エノコログサ属／一年草

エノコログサは夏草を代表するイネ科植物である。特にエノコログサ属は見た目でわかりやすく、正に狗（イヌ）のシッポのように、種類によっても犬種が異なるイメージだ。キンエノコロは名の通り金色に輝く毛が高級感を漂わせる。他にも穂が直立しいるエノコログサや本当に狗の尾みたいなアキノエノコログサ、大型な穂が密につくオオエノコログサなどがある。

エノコログサの仲間

オオエノコログサ

アキノエノコログサ

キンエノコロ

ムラサキエノコロ

葉っぱに恋して

植物は花の形や色などで個性を感じることができるが、
葉っぱもまた個性的で美しく、自然が作り上げた造形だと感心する。
縁の切れ込み方、表面の光沢、裏の色、葉柄の毛など、
身近な葉っぱを観察するだけでいろいろなイマジネーションがもらえる。
その植物の特徴をつかむためにも、葉っぱの形状などを観察してみよう。
そこにはその植物のヒントが隠されているはずだから。

アカメガシワ

Mallotus japonicus

赤芽柏
トウダイグサ科
アカメガシワ層
落葉高木

アカメガシワは若葉が赤みがかるのが特徴。先駆性の樹木で幼木を目にすることが多い。柏の葉の代用として柏餅を作ったことから名前の由来も。

オオシマザクラ

Cerasus speciosa

大島桜
バラ科
サクラ属
落葉高木

サクラ類の中では葉や花が大型、全体的に無毛で葉の鋸歯が糸状に伸びるのが特徴。多くの栽培品種の交配親で、エドヒガンとオオシマザクラから生まれたソメイヨシノなどが有名。

イヌマキ

Podocarpus macrophyllus

犬槇
マキ科
マキ属
常緑針葉高木

公園や庭などの生垣や防風林などに使われる樹木。葉っぱは細長いが、主脈がはっきりしている。果実はやじろべえやおはじきなどに用いられた。

カクレミノ

Dendropanax trifidus

隠蓑
ウコギ科
カクレミノ属
常緑高木

葉の形が伝説上の“隠れ蓑”に似ていることから命名された。葉の形状や色合いが美しく落葉しても楽しめる樹木である。

シラカシ

Quercus myrsinaefolia

白樫
ブナ科
コナラ属
常緑高木

防風樹、公園樹、街路樹、庭木などでよく見かける。シラカシの材は固くて非常に重く、弾力に富むのが特長だ。

レッドロビン

Photinia × fraseri

バラ科
カナメモチ属
常緑小高木

若葉は鮮やかな赤色で生垣や庭木としてよく見かける。カナメモチとオオカナメモチから作られた園芸品種で、「赤いコマドリ」を意味する。

シロダモ

Neolitsea sericea

白だも
クスノキ科
シロダモ属
常緑高木

クスノキ科特有の基部近くで分岐する3本の葉脈が綺麗に目立つ。また葉の裏も分かりやすく白い。古来は種子から採油し蝋燭の材料とした。

ウバメガシ

Quercus phillyraeoides

姥目樫
ブナ科
コナラ属
常緑高木

生垣や庭木、海辺などでよく見かける。また木質が密で硬いことから、備長炭の原料として利用されることで有名だ。

スダジイ

Castanopsis sieboldii

ブナ科
シイ属
常緑広葉樹

葉っぱをひっくり返すと葉裏は光沢のある褐色で、渋い黄金色に輝いて非常に美しい。鋸歯は葉先の途中から鈍い鋸歯が少数あるか、全縁かのどちらか。

ウメ

Prunus mume

梅
バラ科
スモモ属
落葉高木

中国原産で奈良時代の遣隋使または遣唐使が中国から持ち帰ったとされる。またウメは「梅」の漢名の「メイ」が変化して「うめ」になったとされる。

ガジュマル

Ficus microcarpa

榕樹
クワ科
イチジク属
常緑高木

屋久島や沖縄の亜熱帯に自生し、沖縄では公園樹や防風林などに用いられる。また、ガジュマルを燃やした灰で作った灰汁を沖縄そばの麺の製造に用いることもある。

クスノキ

Cinnamomum camphora

樟
クスノキ科
ニッケイ属
常緑高木

樟脳の原料で知られる。樟脳とはクスノキの枝葉を蒸留して得られる無色透明の固体のことで、防虫剤等に使用される。名前の由来も葉木の皮から樟脳を採っていたため「薬の木」が転訛したとされる。

キモッコウバラ

Rosa banksiae form. lutescens

黄木香薔薇
バラ科
バラ属
常緑つる性低木

中国原産のバラで他のバラ等と違って、枝には棘がないのが特徴。薄いクリーム色の花は一重と八重があり、芳香ただよう。

センリョウ

Sarcandra glabra

千両
センリョウ科
センリョウ属
常緑小低木

日本に古くからあり親しみがある低木のひとつ。赤や黄色の実をつける枝は、正月飾りによく見かけ万両とともに「千両、万両」と称され、商売繁盛の縁起木としても人気。

キンモクセイ

Osmanthus fragrans var. aurantiacus

金木犀
モクセイ科
モクセイ属
常緑小高木樹

キンモクセイの葉っぱは細長く、若木や徒長枝では鋸歯がよく出るが、成木では全縁なパターンが多い。近縁のギンモクセイは幅がやや広く鋸歯も多数ある。

ヒラドツツジ

Rhododendron × pulchrum

平戸躑躅
ツツジ科
ツツジ属
落葉低木

ケラマツツジやタイワンツツジ、モチツツジ等の交雑により生じたツツジの栽培品種群。代表的な栽培品種にオオムラサキなどがある。

野草の達人 03

摘み菜料理研究家
摘み菜を伝える会代表

平谷けいこ

摘み菜を広めて25年、“野草と人の絆”の大切さを教わった師

人柄は温かく柔らかく繊細で、まるでシオンのような女性

初めて出会ったのは東京・お台場で行われた『おいしい雑草　摘み菜で楽しむ和食』（山と溪谷社刊）の出版記念イベントだ。大きなハマウドを担いで登場し、ステージで摘み菜をレクチャーされる姿にはユーモアが溢れ、何より自らがとても楽しそうで、参加している僕まで幸せな気分に包まれていった。

平谷先生は、食べられる草木を“摘み菜”と名づけ、摘み菜の魅力を次世代に伝える活動を精力的に展開されている。幼少期よりお母さんに連れられ、近畿の植物観察会に参加されただけあって、植物学の分野は専門家はだし。その上、全国各地の野草や山菜の名人を訪ね歩き、民俗学的な活用の知恵なども豊富。こうした摘み菜の知識と知恵をおしみなく与えてくださるのだ。僕が最も大切にしていることは“野草と人の絆”。植物に感謝し、それを繋ぐ人に感謝をするという意味で、レクチャーするときにはいつも先生のこの言葉が甦る。

左：“摘み菜は心と暮らしを元気にするふるさと力”をテーマにセミナーや講演で活躍中　**右**：お台場イベントの会場にて、ユーモアをたっぷりにスピーチ。摘み菜関連の書籍の出版も多数

オランダガラシ

Nasturtium officinale

和蘭芥子
アブラナ科オランダガラシ属／多年草

オランダガラシという名は正式和名で、ステーキに添えてあるクレソンのことをさす。クレソンはフランス語の日本読みで、原産地は中部ヨーロッパ。日本へは江戸時代の渡来説がある。それが明治時代初期に東京上野の精養軒付近の水辺で繁殖し、今や日本中オランダガラシを見ない地域は無いほどだ。この勢いで日本では生態系被害防止外来種に指定されている。有用植物として入ってきてなんとも複雑な気持ちになる。同じアブラナ科のイヌガラシは花が黄色、オランダガラシの花は白色。

イヌガラシ

ツルマンネングサ

Sedum sarmentosum

蔓万年草
ベンケイソウ科マンネングサ属

名前の由来通り、つる状でほふくして広がるマンネングサの一種。朝鮮や中国が原産で、今流行りのセダム属の多肉植物でもある。特徴は葉が三個ずつつき、茎は赤みを帯びる。花期は5月～夏場にかけて。黄色い5花弁のお星様のような花を咲かせ、その形はエネルギッシュでスタイリッシュ。身近にあるセダム属としては、コモチマンネングサ、メキシコマンネングサ、ヨコハママンネングサ、メノマンネングサ、オノマンネングサがある。

ゲンノショウコ

Geranium thunbergii

現の証拠
フウロソウ科フウロソウ属／多年草

医者いらず、医者泣かせ、医者殺しなどの異名をもち、身近な特効薬として暮らしに深く関わってきた。和名の現の証拠の由来は、現に良く効く証拠として、主に下痢止めの薬として使われてきた。日本中を歩いてみると、九州や広島など西日本では紅花やピンク色、秋田や新潟など東日本では白花が実際に多いことがわかった。

白花

ベニバナボロギク

Crassocephalum crepidioides

紅花襤褸菊
キク科ベニバナボロギク属／一年草

葉

里山や杉林などに生えるアフリカ原産の帰化植物。花期は8～10月で濃いオレンジ色の頭花をつけ、キク科特有の細い筒状花で構成される。咲き始めは花序が垂れ、まるで照れ屋さんのようだ。葉も茎も蕾も柔らかく、野生の春菊のように爽やかな香りとシュッとした食感が魅力で、台湾などでも非常に人気の野草だ。僕はベニバナボロギクを見つけると、独特な香りを活かした野草カレーや湯豆腐に入れて食べる。オススメの夏野草だ。

タマガヤツリ

カヤツリグサ

Cyperus microiria

蚊帳吊草
カヤツリグサ科カヤツリグサ属／一年草

蚊に刺されないように部屋に吊った四角い網を蚊帳という。カヤツリグサの茎を真ん中から引き裂くと四角になり、これを例えて蚊帳吊草となった。同じカヤツリグサ科でカヤツリグサよりもグッと詰まった穂が特徴のコゴメガヤツリ、線香花火のようなハマスゲ、そして田んぼや湿地帯などに生え穂を擦ってみると甘いピーチの香りがするヒメクグなどがある。また、古来エジプトではショクヨウガヤツリ（キハマスゲ）の根茎が、貴重な栄養源として重宝された。最近では“タイガーナッツ”の名で、スーパーフードとして日本にも入っている。

カンスゲ

Carex morrowii

寒菅
カヤツリグサ科スゲ属／多年草

山間の谷間などに生え、多く数あるスゲ属の中でも大型で丈夫なので、イネ科で作る蓑(みの)に用いられたこともある。常緑性で暑い夏も寒い冬場も青々とした葉をつけているのが魅力。

ツリガネニンジン

Adenophora triphylla var. japonica

釣鐘人参
キキョウ科ツリガネニンジン属／多年草

葉は普通輪生し、夏から秋にかけて枝先の花序に可愛い鐘型の薄紫色の花を咲かす。春の新芽は山菜でトトキといい、お浸しや胡麻和えなどにしていただく。ツリガネニンジン独特の香りと苦味を楽しむ事が出来る。

アカザ

Chenopodium album var. centrorubrum

藜
ヒユ科アカザ属／一年草

シロザ同様に種子も美味で食用できる。同属のキノアの種子も食用穀物でとして古来から親しまれている。成長が早く、茎はとても太く硬くなるため杖の材料にされることでも有名で、アカザの杖は最高級とされている。

アレチギシギシ

Rumex conglomeratus

荒れ地羊蹄
タデ科スイバ属／多年草

独特な和名は茎や葉をすり合わせるとギシギシ音がするからとも。生薬名を羊蹄（ヨウテイ）といい、主に根をすり潰して皮膚病に用いられる。身近にあるギシギシ類はナガバノギシギシ、エゾノギシギシ、アレチギシギシ、ギシギシなど。また非常に交雑しやすく、アイノコギシギシ（ナガバノギシギシ×ギシギシ）、ノハラダイオウ（ナガバノギシギシ×エゾノギシギシ）などが代表的だ。

種子

ヘクソカズラ

Paederia scandens

屁糞葛
アカネ科ヘクソカズラ属／つる性多年草

インパクトのある和名である。葉や茎を揉むとそれとなく悪臭がするのが、この酷い和名の由来だ。古名はさらに酷い“クソカズラ”だ。確かに臭うが、あまりにもストレートすぎのような気がする。別名のサオトメバナは本種の愛らしい花をしっかり表してくれている。佐渡島では種子が肌の潤いに良いとされ、乾燥した種子を潰して粉末にし、蜂蜜や蜜蝋などを混ぜてハンドクリームを作る。あかぎれや乾燥肌に良いそうだ。

芽ばえ

ヤブガラシ

Cayratia japonica

薮枯らし
ブドウ科ヤブガラシ属／つる性多年草

ヤブガラシは道ばたや空き地などに何処にでもごく普通に生える、手入れしない庭などに生えるので別名貧乏葛とも呼ばれる。また和名は繁殖力が強く薮を枯らす勢いで覆いつくすので薮枯らしとも。ヤブガラシの若葉をさっと湯がき細かく刻んで納豆やキムチなどと和えて食べると非常に美味しい。

ハキダメギク

Galinsoga ciliata

掃き溜め菊
キク科コゴメギク属／一年草

あまりにストレートすぎる和名が、可愛らしい小菊に失礼な気もするが、東京都世田谷区の掃き溜めで見つかったことに由来している。チャームポイントはなんといってもあの舌状花。卵形の葉が対生し、その間から正に目玉焼きのような白い舌状花と黄色い筒状花の花を咲かす。見過ごしてしまいがちだが、立ち止まって観察して欲しい。

ヘラオオバコ

ツボミオオバコ

オオバコ

Plantago asiatica

大葉子
オオバコ科オオバコ属／多年草

アスファルトの隙間や人や車で踏み固められて他の植物達が入り込めないような場所にあえて生える、賢く逞しい野草だ。和名は葉が大きくて広いのでオオバコと由来した。中国では牛車や馬車が通る道に生える事から車前草ともいう。食物繊維が豊富で葉が破れにくいので、ロールキャベツのようにミートボールを巻いて食べても美しく美味しい。

オカヒジキ

Salsola komarovii

丘鹿尾菜
ヒユ科オカヒジキ属／一年草

オカヒジキは海岸の砂場などに生えるヒユ科の海浜植物。和名の由来はプチプチした多肉質の葉や茎が海藻ホンダワラ科のヒジキに似ていることに由来している。また別名のミルナも同じく海藻であるミル科のミルに似ていることに由来する。

セキショウ

Acorus gramineus

石菖
ショウブ科ショウブ属／多年草

綺麗な水路や川原に生えるショウブ科の植物。葉っぱや茎は生薬名でもセキショウとして親しまれており、ショウブ湯の代用として蒸し風呂や薬草風呂などで用いられる。葉先が鋭く剱のようないでたちはとても力強くそして美しい。

ハーバルバス

ヤマユリ

Lilium auratum

山百合
ユリ科ユリ属／多年草

林の中で真っ白くそしてとても大きな花を咲かせる。ユリ科の中でも香りが強く、近づくと吸い込まれそうになる。近寄りがたい妖艶さを備えまるで、咲きはじめのいでたちはまるで白いライオンのようだ。本種の鱗茎は和菓子や茶碗蒸しなどで親しまれているユリ根。

ハマアザミ

Cirsium maritimum

浜薊
キク科アザミ属／多年草

ハマアザミは太平洋側の海岸の砂地や岩肌などに生えるアザミ属の多年草。別名がハマゴウ（浜牛蒡）といい、地中深く伸びる根は野菜のゴボウ同様にキンピラにしたりお浸しやお漬け物などに活用される。海浜植物特有の光沢や分厚い葉っぱに、あの鮮やかな花が咲き、浜辺を歩いていてもひと際目立つ。ノアザミやノハラアザミよりもずっとずっと力強くがっちりしている雰囲気だ。

ミョウガ

Zingiber mioga

茗荷
ショウガ科ショウガ属／多年草

ミョウガは熱帯アジア原産で古い時代に日本へ渡来して野生化したと考えられる。花期は夏から秋で根茎から多数の苞葉のある花穂をつける。いわゆるミョウガの子がこの花穂で食用となる。淡黄色の花は美しいが1日でしぼむ。春に根茎から伸びる若芽も「ミョウガタケ」として食用出来る。

キダチアロエ

Aloe arborescens

木立蘆薈
ススキノキ科アロエ属／多年草

アロエはアロエ属の総称で、世界には約500種以上のアロエが確認されている。その中でも親しみ深いのは鎌倉時代に渡来したとされるキダチアロエと、アロエヨーグルトやアロエの刺身などで使われるアロエベラの二種だ。キダチアロエは昔から“医者いらず”といわれ、葉肉の内服で健胃効果があるとされたり、外用では火傷などに良いとされ昔は一家に一株必ずあった。

コナギ

Monochoria vaginalis var. plantaginea

小菜葱
ミズアオイ科ミズアオイ属／一年草

田んぼなどに生える水田野草。艶やかな卵心形の葉っぱと、遠くにいてもひときわ目立つ濃い青花を咲かせる。その花姿の凛々しさに、僕は“田んぼのサファイア”と呼んでいる。万葉集にもコナギや同属のミズアオイが登場しており、古来は野菜同様に食されていた。東南アジアでは今でも野菜として売られているようだ。問題になっているのが同じミズアオイ科でホテイアオイ属のホテイアオイだ。こちらは熱帯アメリカ原産で観賞用として導入されたが、日本中あちらこちらで帰化して増え、今や“青い悪魔”と呼ばれ恐れられている。

ハマナス

Rosa rugosa

浜茄子
バラ科バラ属／落葉低木

夏の初めに一重のピンクの花を咲かせるバラで、棘がきつい。主に海岸などの砂地に生える海浜植物で、日本では特に北海道に多く、南では茨城県や鳥取県まで分布している。夏にオレンジ色を帯びた実をつけ、北海道ではこれをアイヌ語でマウと呼び、祭事に利用するなど古来から親しみがある。花弁や果実をジャムにしたり枝や根を染料にしたりと有用植物としても素晴らしい。

マグワ

Morus alba

真桑
クワ科クワ属／落葉高木

別名がトウグワともいい、中国原産の樹木で養蚕用に栽培されていた。マグワとよく似るヤマグワも河川敷や里山などでよくみかける。マグワの葉はヤマグワに比べ光沢が強く、実の表面に花柱の突起がないのが特徴。いずれも実はマルベリーとして親しまれ、ジャムやアイスにしたり甘みが強くて美味しい。

ビワ

Eriobotrya japonica

枇杷
バラ科ビワ属／常緑高木

古来から日本に根付いているが、現在の品種は江戸時代末期に中国から伝わった唐ビワがルーツとされている。和名の由来はビワの果実が楽器の琵琶のような卵形に似ていることに由来する。ビワの葉は枇杷葉と呼ばれ生薬としても親しまれている。

イヌビワ

ムクゲ

Hibiscus syriacus

木槿
アオイ科フヨウ属／落葉樹

生垣や街路樹として用いられる。ムクゲと同じ中国原産のアオイ科では、フヨウも有名だ。両者とも花弁が非常に美味しく、僕は夏の滋養食として、卵スープの中に花びらを入れてツルツルといただく。ムクゲの花を乾燥したものは木槿花という生薬で、下痢止めや胃腸炎などに用いられる。

夏の毒草たちを見分ける

夏の野に潜む毒草たち。 日本三大毒草であるトリカブトは、この時期、
花が咲いてしまえば見分けることは容易だが、芽吹きの頃はヨモギなどの新芽に似るので要注意!
近ごろ街でよく見かけるオレンジ色をしたナガミヒナゲシや、
愛らしい花を咲かせるイヌホオズキなども毒草だ。
高速道路などに植えられているキョウチクトウは時に致命的な毒性を示す。

タケニグサ

Macleaya cordata

竹似草／ケシ科タケニグサ属／多年草

タケニグサは空き地など日当たりの良い環境を好んで生える多年草。夏に白い花穂をつけ盆花にも古来は用いられたが、茎を折ると黄色い汁を出し、触るとかぶれる。誤まって食べると嘔吐や眠気などの危険性がある。

ナガミヒナゲシ

Papaver dubium

長実雛芥子／ケシ科ケシ属／一年草草

ナガミヒナゲシは地中海沿岸原産で、日本では帰化植物として自生しており、輸入穀物などに紛れて渡来したと推測されている。今や猛烈な勢いで全国的に分布を広げ、アスファルトがナガミヒナゲシのオレンジ色に染まるケースをしばしば見かける。ケシ科だけあって、有毒なアルカロイドを含むため、食用はオススメしない。

ゲンノショウコ

ニリンソウ

ヤマトリカブト

Aconitum japonicum var. montanum

山烏兜／キンポウゲ科トリカブト属／多年草

トリカブト類は比較的人里離れた里山などで目にするとても危険性の強い毒草だ。花が咲けば濃い紫色で、いかにも危ないオーラを放つのだが、春先のトリカブトはニリンソウやヨモギ、ゲンノショウコなどの新芽に似て、間違えて摘む可能性が高く、注意が必要だ。アコニチンなどの毒成分を含み、誤まって食べると口が痺れ呼吸困難から痙攣を起こす。ドクゼリやドクウツギと並び日本の三大毒草の一つでもある。

キョウチクトウ

Nerium indicum

夾竹桃／キョウチクトウ科キョウチクトウ属／常緑高木

キョウチクトウはインド原産で、日本へは中国を経て江戸時代に渡来したとされる。大気汚染に非常に強く、高速道路の脇などに植えられる。花桃に似た花は、ピンクから白、黄色、赤など多彩で、見た目は華やかで美しい。心筋に作用するオレアンドリンを含んで中毒事例が非常に多く、食用はもちろん近寄ることもオススメしない。

ヨウシュヤマゴボウ

Phytolacca americana

洋種山牛蒡／ヤマゴボウ科ヤマゴボウ属／多年草

ヨウシュヤマゴボウは家の空き地などでよく見かける帰化植物。夏場になると毒々しい程に茎が紫がかり、ヤマブドウやブルーベリーに似た実をつける。実は美味しそうに見えるが、全草が有毒なサポニンのフィトラッカトキシンなどを含み、食用としては非常に危険だ。

イヌホオズキ

Solanum nigrum

犬酸漿／ナス科ナス属／一年草草

イヌホオズキの仲間であるアメリカイヌホオズキ、テリミノイヌホオズキ、オオイヌホオズキは道端や畦道でよく見かけるナス科の植物。イヌホオズキの仲間は全草にソラニンを含むため食用出来ない。美しい花と愛らしい実を目で楽しんで欲しい。

アメリカイヌホオズキ

コニシキソウ

Chamaesyce maculata

小錦草／トウダイグサ科ニシキソウ属／一年草

北アメリカ原産で、夏場に、よく似ているスベリヒユの混生している姿を目撃する。大きな違いとしてはコニシキソウは茎を切ると有毒物質の白い乳汁が出るのが特徴。そして葉っぱの中央に紫の斑点がある。近縁種のニシキソウ、オオニシキソウ、シマニシキソウもコニシキソウ同様に有毒植物である。

あれもこれも毒草

ハマユウ
センニンソウ
ジギタリス
アオツヅラフジ
ドクニンジン

アジサイ

染めてみる 野草は天然染料

植物の持つ優しく神秘的な色合いを生活に取り入れたい。
白いシャツにヨモギ染めの若草色のストールを巻くだけで、
自分だけのオリジナルコーディネートができる。
化学染料では表現出来ない、優しく香る草の色が草木染めの魅力だ。

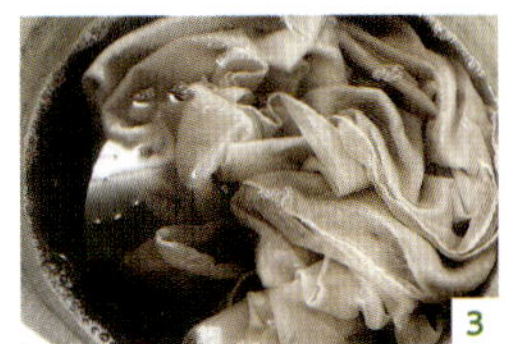

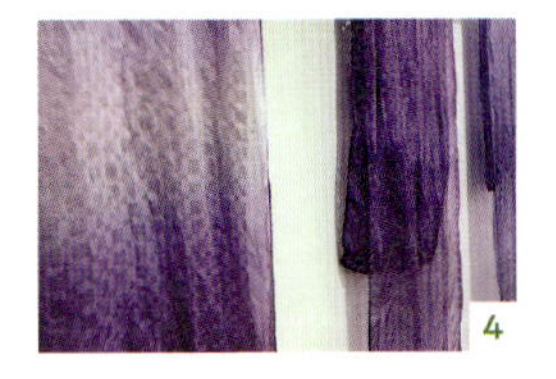

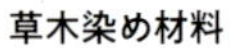

草木染め材料

シルクの布……5g
染料になる植物……布の5倍
ミョウバン……0.5g
ボウル……2～3個
ザル
バケツ
トング
不織布

1 植物を細かく刻み、沸騰後中火でコトコト30分間煮出す。
2 ザルに不織布を敷き1を漉しとり、その中に布をいれ中火で20～30分。その後火を止め、30分放置冷却する。
3 ミョウバンを溶かした媒染液に2を浸す。
4 30分浸し、その後水洗いし乾かしたら完成。

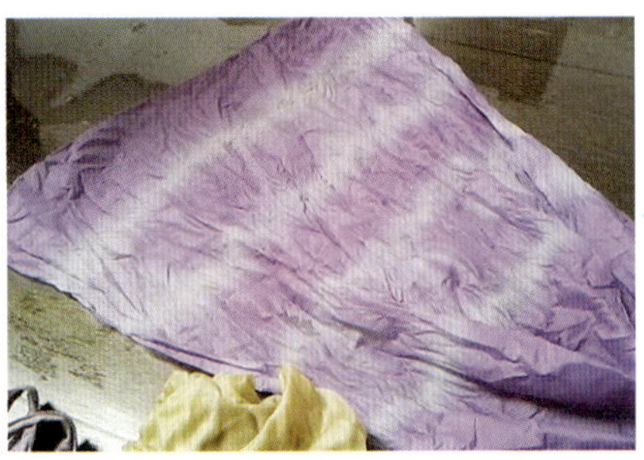
エビヅルがこんなに美しいパープルに染めあがる

ザクロやエビヅル、渋柿など、野山には天然染料が豊富

秋冬の野草たち

秋冬、力を蓄えて

ヨメナやクズが終わりツワブキの黄色い花が咲き誇るころ、
野はどんどん季節を進め、緑は姿を消してゆく。
でもこの時期は意外に野草の宝庫。木の実たちが色づき、
草むらにしゃがんでそっと地面を覗いてみると、
春に向かって新しい芽吹きが始まっている。

芽生え

ヨメナ

Aster yomena

嫁菜／キク科シオン属／多年草

秋の畦(あぜ)道を彩る薄紫の野菊。舌状花の柔らかさと黄色くふっくらとした筒状花のバランスがなんとも愛らしい。ヨメナの花を見ると幼い頃、黄金色の稲穂がなびき、真っ赤に咲き誇る彼岸花の畦道を家族と歩き、たわいもない会話をしながら、さりげなく咲くヨメナの花をそっと摘んだことを思い出す。僕が思うヨメナの優しさと柔らかさのイメージはきっとヨメナ自体の植物の雰囲気と当時の心地良さから感じとっているのかもしれない。万葉の時代から、ウハギやオハギと呼ばれて、お浸しやヨメナ飯などにして食されていた野草だ。

花の説明

ヨメナは畦や里山などに生える多年草。名前の由来も一説によれば全体的に柔らかく美しい雰囲気から"嫁"とついた説がある。ヨメナの見分けは意外に難しく、葉の表面が無毛に近くつるつるしている。

食べてみる

春の若芽が特に美味しい。ヨメナ飯は子どもの頃から食べていたので、食感のあるクルミと一緒にチャーハンにしたら、菜の香りが強くなる。

菜の香りを楽しむ

ヨメナの白和え

材料

ヨメナの葉……20枚
木綿豆腐……100g
味噌……小さじ1
砂糖……小さじ2
すり胡麻（白）……大さじ2
砕いた胡桃……適量
塩……少々

1. 鍋で湯を沸騰させ、ヨメナの葉を入れ1分程したら引き上げて水で冷ます。茹で過ぎるとヨメナの香りが飛んでしまうので注意する。その後食べやすい大きさに切る
2. 豆腐はキッチンペーパーでしっかり水を切る。
3. ボウルに豆腐・味噌・砂糖・すり胡麻・胡桃を入れ、丁寧に混ぜる。
4. 出来上がった和え衣に、ヨメナの葉の水分を絞って混ぜ合わせる。最後に塩で味を整える。

菜飯をヒントにアレンジ

ヨメナと胡桃のチャーハン

材料

ヨメナの葉……20枚
タマネギ……2分の1
胡桃……一握り
卵……2個
ご飯……1合
塩胡椒……適量

1 ヨメナはできるだけやわらかい葉っぱを摘む。
2 さっと塩茹でし冷水に浸す。
3 水気を切って玉ねぎ、胡桃と同様に細かく刻む。
4 フライパンにサラダ油を入れ、熱したら3を入れて炒め、ご飯、溶いた卵を入れて炒め塩胡椒で味を整える。

ヨメナの仲間

同じ時期に咲く野菊としてはノコンギクやカントウヨメナなどがありノコンギクは果実の長い冠毛が特徴的なのに対し、カントウヨメナは関東地方に多いヨメナで、通常のヨメナに比べ葉の質感は薄く冠毛の長さもヨメナ（0.5㎜）に対しカントウヨメナは（0.25㎜）ほどだ。

クズ

Pueraria lobata

葛／マメ科クズ属／つる性多年草

グスは秋の七草として万葉集や多くの歌集に登場する。和名は大和国吉野の国栖（くず）地方の人たちが、葛（かずら）の根を粉にして売り歩いたことに由来するとされる。

藤色の花としなやかな蔓、葉っぱ、根に至るまで、衣類や薬、食料、飼料などに利用され、古来よりなくてはならない野草でもあった。今でも鹿児島県で行われる十五夜の綱引き行事には、クズの蔓を主材料として作った綱が利用されている。蔓は非常に繊維質で、その繊維で編んだ布は葛布（くずふ）といい、平安時代ごろから作られていたとされ、江戸時代になると壁紙、衣類などにも用いられた。道端に広がるクズも見方を変えれば宝物に変身する。

花の説明

葉っぱが三葉に分かれていて、葉の裏が白いのが特徴。葉の裏の白みが目立つことから裏見草（うらみぐさ）、またそれが転じ恨み草とも呼ばれたことがある。葉、茎、花、根すべて用途が異なり万能な野草であるが、葉っぱには大量のカメムシが発生するので要注意。

葉っぱ

カメムシは葉っぱの裏に潜んでいるのでチェックしてから摘もう。

蔓

芽先は摘まんでさっと湯がく。毛が気になる場合は剥く。蔓籠やリース用に使う場合は晩秋の枯れたころに。

鞘と豆

鞘になるのは秋の終わりごろ。この豆、ビーンズ料理にしてみたい。

花

花は房のまま摘んで、一輪ずつ分けてから使う。

食べてみると

根を掘り出してさらすのは素人では難しいので、もっぱら花、葉っぱ、蔓を活用する。花は甘酢漬けにしても色落ちしないので、スイーツなどに大活躍。マメ科なので葉っぱはお茶にしたり、冷奴など料理の敷き葉にも重宝する。蔓の先の柔らかいところはさっと湯がいてチャーハンなどに。

ほっこり感が味わえる

クズの甘酒

材料

葛粉……小さじ2
クズの葉粉末……小さじ2
甘酒の素……適量

1 鍋に甘酒の素をいれて弱火で温める。
2 1にクズ葉の粉末と葛粉を入れて全体になじませたら完成。

クズの敷葉

クズやツワブキなど、形がおもしろい葉っぱはお皿にも重宝する。

甘い香りを演出

クズ花のジュレ

材料

クズ花のシロップ……50ml
ゼラチン……5グラム
水……150ml
レモン果汁……10ml

1 クズの花シロップ（花を蜜漬けにしたもの）を水で溶いてまんべんなくかき混ぜる。
2 1にお湯少量でふやかしたゼラチンとレモン汁を混ぜ、冷蔵庫で冷やし固める。
※クズ以外にも春だとヤマフジなどでも、甘い香りをジュレで演出できる。香ばしさが魅力。

香ばしさが魅力

クズの葉茶

クズの葉っぱを洗ってから乾燥させ、飲む前にフライパンなどで煎る。マメ科独特の味わいがあり、飲みやすい。

セリ

Oenanthe javanica

芹／セリ科セリ属／多年草

セリは湿地帯や田んぼなどを好む野草。名前の由来は次から次へと新苗が競り合っている様子から。また別名を白根草ともいい、根が白く長いひげ根状なのが特徴的で、古くから風邪の予防や、身体を温める野草として親しまれた薬草でもある。

花の説明

セリの花期は7～8月で、枝先に複散形花序を出し白色の細かな5弁花をつけ、果実は楕円形の分離果。熟すと2個に分かれ種子は落下し水流に乗って広がる。

食べてみると

野草というより、今では野菜のジャンルになっているセリ。春の七草でもあり、奈良時代から盛んに栽培され、当たり前のように食卓に上がっていたそうだ。セリ科特有のセロリやパセリなどに似た爽やかな香りに、シャキシャキした食感と鮮やかなグリーンの色合いに創作意欲が湧く。

早春のごちそうであるセリとヤブカンゾウ

毒ドクゼリの花

毒ドクゼリの葉っぱ

毒ドクゼリの根

Tomomichi's Eye

採集時期には毒草のキツネノボタン（茎に毛がある）やドクゼリ（根が竹の節のようになっている）などの葉っぱと似ていて間違えやすいので要注意!

葉っぱも根も使って美味

セリチヂミ

材料

セリ（全草）……5束
人参……2分の1
玉ねぎ……2分の1
水……100cc
小麦粉……50g
片栗粉……40g
鶏がらスープの素……小さじ1
胡麻油……小さじ1

1 セリは葉や根など食べやすい大きさに切る。玉ねぎは薄切り人参は細切りにする。水、小麦粉、片栗粉、鶏がらスープの素を混ぜ合わせる。
2 フライパンに胡麻油を熱して1を流し入れ、形を整えて焼く。

1

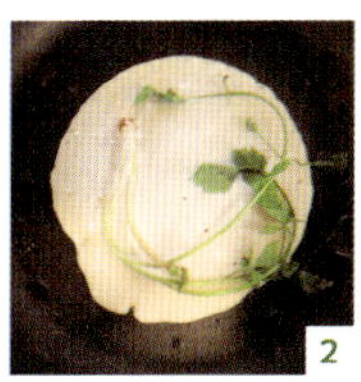
2

野の香りを食卓へ

セリと生ハムの野草サラダ

材料

セリの柔らかい葉……30枚
生ハム……6枚
その他野草（タンポポ、ヤブタビラコ、タネツケバナなどオススメ）……適量
水菜、レタスなども可能

1 野草達を水でさっとあらい50℃ぐらいのお湯に5分程さらし、ふたたび冷静にひたす。
2 野草達を食べやすい大きさに切って、生ハムとお皿に盛りつける。

セリ独特の風味が引き立つ

セリ餃子

材料

セリ……5束
鶏挽肉……120g
餃子の皮……20枚
塩……少々
胡麻油……少々

1 セリは水洗いしみじん切りにする。鶏挽肉に調味料を入れ、手でよく混ぜてねっとりしてきたら、セリを混ぜる。
2 餃子の皮で1を包み、フライパンで焼く。

ムカゴ

鱗茎

ノビル

Allium grayi

野蒜／ヒガンバナ科ネギ属／多年草

幼い頃、祖母に連れられて近所の土手ですくすく育ったノビルを摘んだことを覚えている。それを母親が丁寧に下処理し、酢味噌和えにして食べるのが家族の中では大人気だった。今でも僕は、寒い冬にノビルを摘み、ノビルの香りを嗅ぐと時がタイムスリップしたかのように昔の記憶が蘇る。ノビルの蒜はニラやネギなどの総称で、万葉の時代から酢味噌和えや汁物などにして愛されてきた野草の一つである。

花の説明

河原や土手などに自生している。アサツキを細くしたような黄緑色に近い葉っぱを伸ばし、根元の鱗茎は小さなタマネギ状に肥大する。葉の断面は三日月形で、摘むとネギのような香りがある。

食べてみると

オススメの食べ方はペペロンチーノ、ピクルスまたはエシャロットのようにタレやドレッシングでいただく。葉っぱも美味しく、スープなどの彩りにも重宝する。

Tomomichi's Eye

葉っぱも根っこも、写真（右）のような猛毒のスイセンに似ているので、誤食するケースが目立つ。判別が難しい場合は必ず専門家と一緒に摘むこと。

ビールに合う一品

ノビルのフリット

材料

ノビルの鱗茎（摘みたて）……10個
水……200g
薄力粉……130g~150g
サラダ油……適量

1 薄力粉に水を少しずつ加えながら箸で混ぜる。
2 ノビルの鱗茎につけても衣が落ちない程度の濃度にする。
3 1の衣をたっぷりつけ、180度くらいの油でカラッと揚げる。

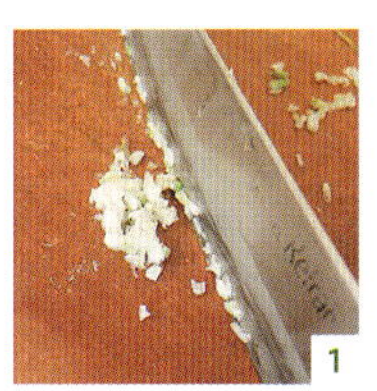
1

2

3

鍋の季節に作り置きしたい

ノビルのつけだれ

材料

ノビル……2本
すり胡麻……大さじ1
胡桃……少々
ポン酢……適量

1 胡桃を細かく叩き、ノビルもみじん切り。
2 ノビル、胡桃、すり胡麻を器に入れる。
3 2にポン酢をかけて、かき混ぜたら完成。湯豆腐やしゃぶしゃぶなどと相性抜群。

まるごとイタリアンに変身

ノビルのピザ

材料

ノビル（鱗茎付き）……4本
小イカ（湯がいている状態）……10匹
野草ベーゼ（カキドオシ、ヨモギ等）……大さじ4
市販のピザ生地……1枚

1 ピザ生地の上に野草ベーゼ（P49のヨモギベーゼ参照）をムラなくぬる。
2 1の上にバランス良く小イカとノビルを乗せ、軽く表面に焦げ目がつくぐらい焼く。

冬場のごちそう

ノビルの酢味噌和え

材料

ノビル(鱗茎付き)……10本
茹でダコの足……2本
酢味噌……適量

1 ノビルの鱗茎についているひげ根をカットして、さっと湯がき、冷水にさらす。
2 ノビルの水気を切って、茹でダコと同じく食べやすい大きさに切る。
3 2を酢味噌で和えてから美しく盛り付ける。

ツワブキ

Farfugium japonicum

石蕗／キク科ツワブキ属／多年草

ツワブキは基本的には野草で、海岸近くに自生しているが、昔から日本庭園の植栽をはじめ、都会の花壇などでも見かける。名前の由来どおり、葉っぱがツヤッツヤしていることからツヤブキからツワブキに。このツヤツヤはクチクラ属といい、水分の蒸発を防ぐための役割を果たしている膜のようなもの。海岸近くに自生するツバキやシダなどクチクラ層を持つ植物が多い。

花の説明

ツワブキは分厚く丸い葉っぱからは想像がつかないくらい、黄色く華やかな菊に似た花をいくつも咲かせ、甘い香りを漂わせる。11月に入って、ノギクやノコンギクといった花々が枯れるころに鮮やかな花色で咲き誇る。

食べてみると

春先のフキより苦みがなくて食べやすい。冬に摘んだものは葉柄の皮をむいて食べるが、春の若葉のころはそのまま調理する。九州名産の「佃煮キャラブキ」や「キャラブキ」は、このツワブキの葉柄で作られ、九州の僕の田舎では保存食やおつまみとして愛されている。

Tomomichi's Eye

クチクラ層とはツルツルでピカッピカッの硬いワックス状のような物質でできた皮膜で、葉っぱに傷がついたり、葉内の水分が蒸発を防ぐ働きや紫外線からのUVカットの役目をしている。特に海浜植物の葉はクチクラ層が厚く、ツワブキはもちろん、ハマナデシコやハマボウフウなど、葉っぱに光沢のあるものが多い。海辺を散歩するときにチェックしてみよう。

サザンカ

トベラ

ハマウド

毒ヤツデ

一葉加えるだけでオリジナルに

ツワブキのれんこん肉詰め

材料

ツワブキの葉（湯がいたもの）……2枚
れんこん……300g
豚挽肉……250g
玉ねぎ……1個
塩……小さじ1
卵……1個
胡椒……少々
酒……大さじ1
醤油……大さじ1
片栗粉……大さじ2
小麦粉……適量

1 ツワブキの葉っぱはさっと湯がいておく。
2 れんこんを5mm幅に切り、水にさらす。ツワブキと玉ねぎもみじん切り。肉に塩を入れ、粘りが出るまでよく混ぜる。更に卵、胡椒、酒、醤油、片栗粉を加える。
3 れんこんの水気をしっかりとり、お皿に小麦粉を入れ、れんこん全体に小麦粉を付け余分な粉を払い落とす。
4 2のたねを挟み油でカリッと揚げたら完成。

1

2

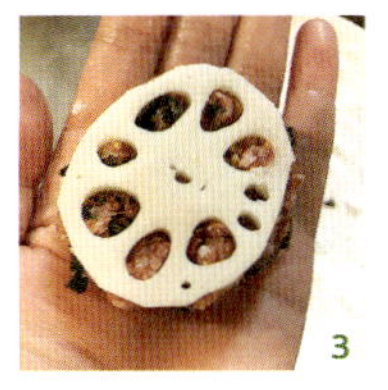
3

4

暮らしの知恵

ツワブキのお風呂

乾燥させたツワブキの葉っぱを細かく刻み、ハーバルバスで楽しむ。古来は民間薬として皮膚病に用いられてきた薬草でもある。

葉っぱのお皿

ツワブキの葉の表面は、名前の由来通りツヤツヤしていて非常に美しい。フキの葉に比べ葉の質もしっかりしているので敷物やお皿などにも活用できる。

スイバ

Rumex acetosa

酸葉／タデ科スイバ属／多年草

スイバは酸っぱい葉と書いて酸葉と書く。生葉を少しかじってみるとイタドリのように酸味がある。スイバは古代エジプトやギリシャでは利尿剤として使用されたという、歴史のある薬草でもある。また現在でも英名のソレルという名で、ハーブとしてフランス料理などで使用されている。スイバのことをスカンポという地域もあるそうだ。

花の説明

春先のスイバより、12月あたりの冬場のスイバをぜひ皆さんに見て欲しい。鮮やかな赤紫色に変身する。この色合いが神秘的で、冬場の寂しい野原を盛り上げている。

食べてみると

美しい赤紫色を活かしたソースが一番のおすすめ。ステーキソースや、甘めに味つけてりんごとともにスイーツのソースにも。春の青葉のソースも美味しい。

赤いソースが食欲をそそる

スイバのステーキソース

材料

にんにく……1/2
オリーブ油……適量
赤ワイン……100cc
醤油……大さじ1
スイバジャム……大さじ3

1 ニンニクをみじん切りにし、フライパンで炒める。その後赤ワインを加えてアルコールを飛ばす。
2 1に醤油、スイバジャムを加えて軽く煮詰める。

冬場の色を活かして

スイバとリンゴのジャム

材料

スイバ（冬のもの）
……500g
砂糖……300g
リンゴ……2分の1
レモン果汁……2分の1個分

1 よく洗ったスイバは1センチ~1.5センチに切る。リンゴも皮をむき細かく刻む。分量の砂糖を鍋に入れて30分放置する。
2 1にレモン果汁も入れて火にかける。アクが出たらすくいながら焦げないように煮る。
3 とろみが出てきたら粗熱をとり冷やしてからミキサーでペースト状にしたら完成。

ヤマノイモ

Dioscorea japonica

山の芋／ヤマノイモ科ヤマノイモ属／つる性多年草

ヤマノイモは日本に古くから自生し、"山うなぎ"といわれるほど、滋養強壮によいと知られていた。秋に掘り、野菜が少ない時期に重要な栄養源だったようだ。僕がヤマノイモを初めて知ったのは確か小学2年生の頃、父親が沢山掘ってきて、それをすりおろし、とろろごはんにして食べた時は、ほっぺたが落ちそうなぐらい美味しかった。野生に生えるヤマノイモは口に入れた瞬間、山と土の香りが広がり、大自然のエネルギーを感じる。芋の収穫は手間がかかるが、ムカゴを摘むのも楽しみ。

ムカゴ

花

ヤマノイモの蕎麦

"大切な事は見落とさない"の意味を込めたお守り。

ヤマコウバシ

Lindera glauca

山香ばし／クスノキ科クロモジ属／落葉低木

ヤマコウバシの和名が大好きで、その葉を揉むとクロモジに似た爽やかな香りがする。また別名はモチギと言い、葉や茎などを乾燥して餅に混ぜて食べたことに由来する。冬場の山野は落葉した樹形が目立つが、ヤマコウバシは落葉せず、黄金色に輝く美しい葉が残る。最近では"落ちない"ことにかけて合格祈願のお守りとして人気だ。

キンモクセイ

Osmanthus fragrans var. aurantiacus

金木犀／モクセイ科モクセイ属／常緑小高木

中国では「丹桂（タンケイ）」や「桂花（ケイカ）」という名前で親しまれ、古くから漢方の生薬としても利用されてきた。金色に輝く縁起の良い花として、酒につけたり、桂花陳酒にしたり、ジャスミンティーとブレンドして桂花茶にしたりと、中国の暮らしに溶け込んでいる。僕が初めて桂花陳酒を作った時、非常に苦戦したことを覚えている。傘を広げて木の下に逆さに置き、木を揺すり小さな花を落とし、それを集めて細かいゴミや虫などを一つひとつ振り分け、やっとの思いでできた桂花陳酒。飲むのがもったいないぐらい甘い香りと黄金色の輝きを放っていた。

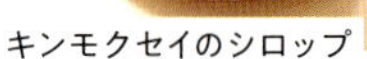

キンモクセイのシロップ

野草酵素

クロモジ

Lindera umbellata

黒文字／クスノキ科クロモジ属／落葉低木

クロモジは高級爪楊枝などに使われる。爽やかで上品な香りが客人の心を安堵させたのだろう。僕とクロモジとの出逢いは早く、５歳ぐらいの頃だ。当時生け花を習っており、花材としてクロモジを紹介された。艶やかな枝、気品溢れる花に一目惚れしたことを今でも覚えている。あまりに惚れ込んでしまい、クロモジの苗を父親にねだったくらいだ。クロモジ愛は今も変わらず、クロモジのフローラルウォーターを常に持ち歩き、クロモジの枝を入れてホットワインを飲むのが、贅沢なひと時と感じる。

クロモジコーヒー

サネカズラ

Kadsura japonica

実葛／マツブサ科サネカズラ属／常緑つる性木本

サネカズラは別名を美男葛（ビナンカヅラ）、美女葛（ビジョカヅラ）と言う。その昔、蔓や葉から出る粘液を、男性の整髪料に用いたので美男葛と名づけられた。また大阪では美人草と称したというから、必ずしも男性用と限らなかったようで、美女葛とも呼ばれるのだろう。花期は7～8月あたりで、モクレンに似た美しい花被片、10枚前後で包まれている。花より果実のほうが注目を集めるが、僕は果実より花が好きだ。果実は赤い球形の集合果で一度見ると忘れないほどインパクトがある。

実

サネカズラのオーガニックジェル

ジュズダマ

Coix lacryma-jobi

数珠玉／イネ科ジュズダマ属／多年草

ジュズダマは河原や湿地帯などに生えている。子どもたちがこの硬い種子を糸で繋いで、ジュズのようにして遊んだのでジュズダマと付いた。ジュズダマとそっくりなハトムギも同じジュズダマ属で、ジュズダマの栽培品種になる。ジュズダマとハトムギの違いは、ジュズダマは種子を指で押すと硬く艶やかで、種子に縦線が入っていない。これに対しハトムギは指で押すと柔らかく、種子に縦線が見える。

種子

ジュズダマ茶

サザンカ

Camellia sasanqua

山茶花／ツバキ科ツバキ属／常緑小高木

サザンカというと童謡「たきび」を思い出す。和名の由来は山茶花の本来の読みである「サンサカ」が訛ったものと言われる。サザンカは冬の季語でもあり、繊細な花弁と淡いピンクをみると、なんだか切なく優しい気持ちになるから不思議だ。花言葉は“困難に打ち克つ”。寒い冬でもあんなに美しい花を咲かせるサザンカ、なんだか勇気を貰えますね。

花の説明

花の少ない晩秋から2月ごろまで咲く。5枚の花びらがヨコに平に開き、花びらはバラバラに1枚ずつ散ってゆく。白が野生種とされるが、ピンクや八重咲きなど園芸種も多い。

食べてみると

花びらのピンクを料理にちょっと添えるだけでめでたい気分になる。ピクルスにして手まりずしにトッピングしたり、葉っぱはお茶にする。

色鮮やかな花びらを食卓に

サザンカピクルス

材料

サザンカ花弁（タチカンツバキも可）…30枚
酢……大さじ5
砂糖……適量
ユズ皮……お好み

1 サザンカの花弁をはずしてさっと湯がき、冷水に15〜30分程さらす。
2 花弁の水気をしっかりふきとり、瓶に花弁、酢、砂糖、ユズ皮を入れて漬ける。

※ポテトサラダやカルパッチョにも相性が良い

Tomomichi's Eye

サザンカ、タチカンツバキ、ムクゲ、タチアオイ、ブッソウゲなど色味がある花弁は、酸味を加えることで愛らしい色合いがさらに楽しめる。

白花

淡ピンク

タチカンツバキ

Camellia × hiemalis cv. Kanjiro

立寒椿／ツバキ科ツバキ属／常緑低木

タチカンツバキはサザンカなどが咲く時期に咲き、生垣や街路樹として冬場の植生を賑わせてくれる。枝がタテ方向に伸び、3～5mにもなる。これに比べ、枝がヨコに伸び、背丈が1m程度のものをカンツバキと呼ぶ。

タチカンツバキ（勘次郎）

カンツバキ（獅子頭）

花の説明

タチカンツバキはサザンカを母種としたカンツバキ群の園芸品種とされており、花期はサザンカやツバキとほぼ同じで、花びらも1枚ずつバラバラに散る。ただし、ツバキは花ごとポトリと落ち、葉っぱの先がとがって細かいギザギザ（鋸歯）が多い。

食べてみると

サザンカ同様に花弁をピクルスなどにして楽しむことが出来る。

ツバキ属の花々

1

2

葉っぱが香る上品な和スイーツ

ツバキ餅

材料

米粉……150g
砂糖……大さじ1
餡子……大さじ4
ツバキ茶……適量
椿の葉……10枚
椿の花弁……飾り

1 餅粉110gに対し、ツバキ葉の水出しハーブティー180ccをボウルに入れ、約20分吸水させた後に砂糖を加えしっかり混ぜる。
2 蒸気のあがった蒸し器に濡れ布巾を敷き、1をのせて強火で10分蒸す。
3 2を小分けにし中に餡子をいれツバキ葉で挟めば完成。

ユズ

Citrus junos

柚子／ミカン科ミカン属／常緑小高木

柚子は飛鳥時代か奈良時代の頃に中国から渡来したとされる。和名の由来は中国で酸味が重宝されたことから、柚という木の酸を意味する「柚子」に由来するという説がある。柑橘類の中でも僕が大好きな香りのひとつで、冬至にかぎらず気分転換したい時に、ユズをお風呂に入れてリラックスバスタイム。浴室中がリモネンとシラトールの爽やかで甘い香りに包まれ、モヤモヤしていたことなど忘れてリセットできる。

柚子化粧水

ユズ皮を蒸留して作る化粧水。

花の説明

5月ごろに白い5枚の花を咲かせ、香り高い。6月ごろから実をつけはじめ、黄色く熟する11～12月ごろに収穫する。枝には棘がある。形が似ているオニユズはブンタンの仲間。

食べてみると

夏の青いユズも薬味として重宝する。ユズの中身をくり抜いたお菓子"ゆべし"は有名だが、皮を細く切ってユズ餅を作ってみた。食べるだけでなくお風呂や化粧水など幅広く使える万能植物。

さわやかなかんきつ風味のスイーツ

ユズ餅

材料

ユズ皮……2個分
白玉粉……150g
水……適量

1 ユズ皮を洗って細かく切り、さっと湯がいて冷水にさらす。
2 1をミキサーでペースト状にする。
3 白玉粉と水を合わせ2を加えて団子の形に丸める。鍋に水を沸かし、沸騰したら団子を入れ、浮き上がってきたら冷水にさらす。

1

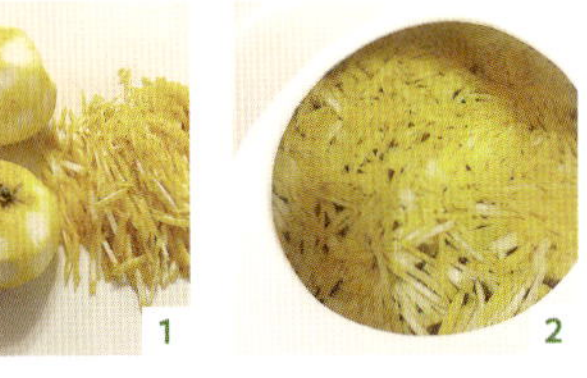

2

3

オミナエシ

Patrinia scabiosaefolia

女郎花
スイカズラ科オミナエシ属／多年草

秋の七草のひとつで、日当たりの良い草地などに生える。オミナエシの語源は、はっきりしていないが、へしは（圧し）であり、花姿のあまりの美しさに、美女を圧倒するという説がある。

シラヤマギク

Aster scaber

白山菊
キク科シオン属／多年草

シラヤマギクはヨメナやノコンギクなどの野菊に比べ、人里離れた山地や草地に生えている。下部の葉はヒマワリのような心形で触るとザラザラする。花は白い舌状花の枚数が少なく、通常の野菊類に比べ少しぎこちない花冠が愛らしい。若葉はヨメナに対してムコナとして食材にされ、ヨメナより力強いしっかりとした味が特徴だ。

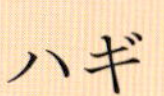

コンギク

ノコンギク

Aster ageratoides subsp. ovatus

野紺菊
キク科シオン属／多年草

最初はノコンギクの隣で生えるヨメナと区別が全くつかなかったが、ヨメナのページで紹介した冠毛などの区別点など、ノコンギクに会えば会うほど、花の性格や顔がしっかり掴めてきた。ノコンギクの自生品種にコンギクがあるが、去年広島の上下町の里山を歩いていて青紫に輝く舌状花を発見した時、あまりの美しさに涙が出そうになった。

ハギ

Lespedeza spp.

萩
マメ科ハギ属／落葉低木

ハギは数あるハギ属の総称で、代表的なものではヤマハギ、ミヤギノハギ、ツクシハギ、マルバハギなどがある。また秋の季語でもあり、グス同様に「秋の七草」としても親しまれて、万葉集では最も多く詠まれている花だ。お彼岸のおはぎ（ぼたもち）は、小豆の粒がハギの咲き乱れる姿に似ているため、古来は「萩の餅」と呼びその後「お萩」となった。

キクイモ

Helianthus tuberosus

菊芋
キク科ヒマワリ属／多年草

キクイモの由来はキクのような花を咲かせ、土の中には生姜に似た芋をつけることから由来しているが、まさかこの芋が美味しいなんて知らなかった。研究を初めて1年目（当時25歳）、長野県を訪れた時に、当たり前のように野菜コーナーで長ネギの隣に並んでいるのを見て驚いた。スライスしてサラダにしたり味噌汁の中に入れたり、シャキシャキした食感と牛蒡に似た香りが忘れられない。

マツ

Pinus spp.

松
マツ科マツ属／針葉常緑樹

寒い冬でも鮮やかで生命力溢れ常に青々として、その姿から不老長寿の象徴として古くから愛されてきた。語源も神が木に宿るのを「待つ」など、神秘的な樹木でもある。針のような葉先を触ってみて、柔らかいのが女性のように優しくしなやかな女松(アカマツ)、硬く力強く痛いのが男松（クロマツ）と分ける。松のグリーンジュースは松葉と水をミキサーにかけて作った青汁に、炭酸水を1：1、ハチミツ、レモンを加える。

フユイチゴ

Rubus buergeri

冬苺
バラ科キイチゴ属／常緑匍匐性小低木

秋に花を咲かせ冬場に実が赤く熟れることから冬苺と名づけられた。草木が寂しい冬場の山でも、丸い葉を丁寧にめくれば、赤く艶やかでジューシーなフユイチゴを見つけることができる。春のクサイチゴに比べ酸味が強く粒感があるのが特徴。同属のミヤマフユイチゴは葉先が尖り、葉っぱはやや小さく枝や葉柄などに毛が少ない。フユイチゴとミヤマフユイチゴの雑種アイノコフユイチゴも同じ環境で多く見られる。

セイタカアワダチソウ

Solidago altissima

背高泡立草
キク科アキノキリンソウ属／多年草

北アメリカ原産で明治30年頃に観賞用（切り花）や蜜源植物として入ってきた。前後急速に全国へ広がり、今や日本の侵略的外来種ワースト100になってしまった。代萩とも呼ばれ、茎をしっかり乾燥させたものは萩の代用として簾(すだれ)などの材料に用いられた。また黄色い小さな花が泡のようにふわふわ咲く姿を見て、思わずうっとりしてしまう。若葉を天ぷらにしたり、ハーバルバスにするとスーっとした鼻を突き抜ける香りを楽しむことができる。

ツルニンジン

Codonopsis lanceolata

蔓人参
キキョウ科ツルニンジン属／つる性多年草

8～10月に愛らしいキキョウのような花を咲かせる。花の内側は紫色の斑点が入り、これがお爺さんのそばかすを意味し別名がジイソブともいう。これに対しジイソブより小型で全体に白い毛が散性するものはバアソブという。ソブは長野県木曽地方の方言だ。朝鮮ではトドックといい古来から親しまれている野草。

ツルギキョウ

Campanumoea javanica var. japonica

蔓桔梗
キキョウ科ツルギキョウ属／つる性多年草

山地帯の林内に稀に生え、関東地方以西の本州から九州に分布するとされている。昔から図鑑で見ていて憧れの植物でもあった。2017年秋に友人から急に連絡が入り、ツルギキョウの自生地を発見したとのこと。僕は仕事を投げ出し自生地へと向かったのだ。あまりの美しさに自然と涙がこぼれた。

ツルリンドウ

Tripterospermum japonicum

蔓竜胆
リンドウ科ツルリンドウ属／つる性多年草

人里離れた山野の林道などに生えるつる性のリンドウだ。九州ではじめて見た時、蔓にリンドウの花がつき、しな垂れながら咲き誇る姿があまりに魅力的すぎて息をのんだ。花が終わり果実をつけたツルリンドウも美しく、二度楽しむことができる。

クマザサ

Sasa veitchii

隈笹
イネ科ササ属／常緑多年草

クマザサは和名の由来通り、冬場に歌舞伎の隈取りメイクのように葉の周辺部が白く隈取りされ、観賞用としても庭園の根締めなどに使用される。生薬としては淡竹葉(たんちくよう)といい、防湿、防臭、殺菌作用があるとして古来から重宝されている。笹寿司の葉に生のクマザサが使用されるのは、寿司の乾燥を防ぎ、ネタの匂いが他に移らないようにするためだ。

ウメ

Prunus mume

梅
バラ科スモモ属／落葉高木

日本原産のイメージが強いが、実は中国原産で奈良時代に遣唐使が大陸から持ち帰った。花弁が5枚でサクラに比べて丸みがあり、バランスがとれた型をしているので、梅家紋として菅原道真がこよなく愛した。サクラやモモに比べて開花時期が一番早いので“花の兄”と呼ばれ、寒さの中で咲くので、“花の中の花”とも称えられる。

秋の宝石たち

　秋口の楽しみは沢山の美しい宝石達――木の実に出会うことだ。

　その様子はそれぞれの魅力に満ち溢れ、例えばガマズミ、夏場に咲く白く淡い柔らかな雰囲気の花姿とは打って変わり、血のように真っ赤に染まった、ルビーのような実をつける。まるで誰かに気づいて欲しいようにアピールする木の実があるかと思えば、クサギのように、淡い桃色の花からは想像もつかないような深く青いサファイアのような実をつけて、視覚的に楽しませてくれる木の実もある。植物にとって、木の実は次へと世代を繋ぐ希望の光だと僕は思っている。

エビヅル

Vitis ficifolia

蝦蔓／ブドウ科エビヅル属

エビヅルと最初に出会ったのは確か2016年夏、和歌山県の加太である。当時は浜辺の植物にあまり詳しくなく、ハマアザミやハマエンドウなど多くの海浜植物たちに心を鷲掴みされたことを今でも鮮明に覚えている。その中でも出会えて嬉しかった植物はこのエビヅルだ。子どものままごとに使うようなミニチュアな房が可愛らしくて一目惚れした。ちょうど隣には浜辺が大好きなブドウ科テリハノブドウが顔を出していた。ノブドウとエビヅルは明らかに違うが、葉っぱの形状がそっくり。見分けるポイントとしては葉っぱをひっくり返し、白っぽいクモ毛があるのがエビヅルで毛がない方がノブドウだ。

エビヅル

毒アオツヅラフジ

エビヅル染めストール（左）

ガマズミ

Viburnum dilatatum

莢蒾／レンプクソウ科ガマズミ属

ガマズミの花と実のギャップを知った時、度胆を抜かれたことを覚えている。初夏、山の緑は濃くなり植物達が更にエネルギッシュになる頃、純白で小さい妖精達が漂っているかのごとく繊細な花を咲かせ、9月頃になるとザクロ色で血のように赤い情熱的な色をした実をたくさんつけるのだ。最初に口にしたのは佐渡島である。真っ赤に輝くガマズミの実をもぎって一つ二つと口にしてみた。期待していた甘みはまったくないがその代わりに心地よいローズヒップのような酸味が口の中で広がった。この酸味が「酸実(酸っぱい実)」＝ズミに由来している説がある。またマタギが山に入りガマズミを探し栄養補給して神様からの授かり物とした事から「神の実」=ガマズミと由来したとか。北海道～九州の温帯に自生する落葉樹。

ミヤマガマズミ酒

ナツハゼ

Vaccinium oldhamii

夏櫨／ツツジ科スノキ属

ナツハゼは北海道～九州の温帯に自生し、山野の尾根や乾いた雑木林の中などに生える。僕が初めてナツハゼに出会ったのは佐渡島である。和名の由来通りハゼように鮮やかに紅葉し、スノキ属特有の黒色でブルーベリーのような実を鈴なりにつけていた。ほおばるとブルーベリーほどの甘みはないが、酸味がやや強くスッキリとした味わい。紅葉が美しいので、庭木として用いられたり、ジャムや果実酒などに加工され販売されている。

ナツハゼのソース

クサギ

Clerodendrum trichotomum

臭木／シソ科クサギ属

クサギは臭い木と書いて臭木といい、そのピーナッツのような独特な匂いから和名がつけられた。山菜として、新芽を天ぷらにしたり、葉を汁の実にして古来から食されていた。また染料としてもクサギは魅力的で、晩秋頃につくクサギの実を叩いて煮詰めて染料に使うと、藍蓼とはまた違った美しい青色を抽出することが出来る。

葉っぱ煮のウナギ飯巻

ボタンクサギ

サルナシ

Actinidia arguta

猿梨／マタタビ科マタタビ属

サルナシは山の果実で一番美味しい果実だと思う。キウイフルーツの10分の1ほどの大きさだが、真ん中で割るとキウイフルーツそのもの。さらにキウイほどのエグ味がなく、甘味だけが残りとても美味しい。猿が好んで食べることから猿梨と名づけられた。同じマタタビ科の仲間に、猫が酔うと言われるマタタビがある。

ヤマボウシ

Cornus kousa

山法師／ミズキ科ミズキ属

ヤマボウシは6月あたりからハナミズキに似た、総苞片を４枚つけた白い花が咲き、それを頭巾に見立てて山法師の和名がつけられた。9月ごろになると、真っ赤に熟した、ぶつぶつした果実を付ける。バナナとマンゴーを足して２で割ったような味わいだが、少し炙って食べると柔らかく甘さが引き立つ。中には小さな種が詰まってジャリっとする。

ミツバアケビ

Akebia trifoliata

三葉木通／アケビ科アケビ属

ミツバアケビは山野に生える落葉木質のつる植物。同じアケビ属のアケビに比べ葉は三葉で、液果（多肉化した果皮が成熟後も水分を多くもっている果実のこと）は熟すとパックリ口を開けるのが特徴だ。中の種子のゼラチン質も甘くて美味しいが、皮も味噌炒めにして食べる。蔓もしっかりとしていてアケビ蔓で作られた籠は高級品だ。

ツチアケビ

Galeola septentrionalis

土木通／ラン科ツチアケビ属

ツチアケビは別名ヤマシャクジョウ（山錫杖）と言って、山野や林などに生えるラン科の植物である。9月あたりからなんとも言えない独特な赤みのある色をした果実をつける。この果実を醤油につけるとコクが出て美味しい。

スダジイ

Castanopsis sieboldii

ブナ科シイ属

スダジイは神社やお寺の境内などに落ちているドングリのことで、椎の実と言われているのは本種を指す。通常のドングリ（シラカシやコナラなど）に比べて小さく黒みがかっている。ドングリの中ではアクが少なく一番美味しい。煎ってそのまま食べられるが、冷めると硬くなる。

マテバシイのピザ

マテバシイ

Lithocarpus edulis

全手葉椎／ブナ科マテバシイ属

シイ（スダジイ）が食べれることは幼い頃から知っていたが、マテバシイが食べれるなんて口に入れる瞬間まで信じていなかった。炒ったマテバシイを恐る恐る口に入れた瞬間、ドングリ特有の香りが広がり、甘栗に似た甘みが噛めば噛むほど出てくる。マテバシイはいわゆる殻斗をつけたブナ科の実だが、苦いシラカシ、アラカシ、ウバメガシ類と簡単に見分けるポイントがある。それは和名の由来にもなっている葉だ。葉がマテ貝のごとくヘラ状に長く、葉のギザギザ（鋸歯）がないことも見分けるポイントの一つである。

ツブラジイ

Castanopsis cuspidata

円椎／ブナ科シイ属

ツブラジイは主に中部地方～九州の暖温帯に自生する。別名がコジイとも言いスダジイよりも小ぶりで円らなのが特徴的だ。スダジイに似るが樹皮は裂けず、葉は小型で薄く、枝は細い傾向がある。またツブラジイとスダジイの中間型を雑種のニタリジイと呼ぶことがある。味はスダジイ同様にほのかに甘みがあり、炒って食べると更に甘みが増してとても美味しいドングリだ。

美しき球果たち

冬場は植物も休眠に入り、野山や街の色合いも緑から茶色へと移り変わる。しかしヒノキやメタセコイヤやカラマツ、街路樹などでおなじみのモミジバフウやフウなどの下には、なんとも神秘的な球果がコロコロと転がっている。

この球果を集めて並べてみるだけで、オシャレなクラフトが完成する。クリスマスツリーのオーナメントにだって変身する。誰がどういう理由でこんな造形を作り上げたのか……植物の永遠の謎だが、一つひとつ観察していくとしっかり個性があり、どの球果も魅力的だ。

秋冬の毒草たちを見分ける

木の実を探して山に入る機会が多いこの時期、日本三大毒草の一つである
ドクウツギをはじめ、ウルシやキヅタなど触るだけでかぶれる樹がある。
秋のシンボル、ヒガンバナや花が愛らしいタマスダレ、ツリフネソウなども毒草。

ツリフネソウ

Impatiens textori

釣船草／ツリフネソウ科ツリフネソウ属／一年草

野山や渓流沿いに、秋の終わりごろから紅紫色の花が、細い花柄で吊り下げるようについている。見た目は愛らしいが全草が毒草で、胃腸炎や嘔吐の症状が出る。同じ属で花が黄色のキツリフネをはじめ、観賞用のホウセンカやインパチェンスも毒草。

キツリフネ

タマスダレ

Zephyranthes candida

玉簾／ヒガンバナ科タマスダレ属／多年草

タマスダレは別名がレインリリー（雨ユリ）といい、白い美しい花を咲かせる。しかし花を咲かせる前はニラやノビルと間違えやすく、ヒガンバナやスイセン同様に気をつけなければならない毒草だ。全草に有毒なアルカロイドのリコリンなどを含み誤食してしまうと吐き気、嘔吐、痙攣などの危険性がある。

あれもこれも毒草

スイセン
スズランスイセン
ドクウツギ
クリスマスローズ
ヒガンバナ
バイケイソウ（芽生え）

野草の達人 04

東京都薬用植物園勤務　緑花文化士
「ゆるゆる野草散歩」主宰

池村国弘（いけむらくにひろ）

植物の有毒性や有用性を学術的に教えてくれる“兄貴”

野草への愛は強く、公私ともに慕う先輩だ

東京都薬用植物園に怪しくそして美しく咲き乱れる毒草・ウマノスズクサのコーナーがあり、当時大きな野草講義に使用する毒草（ドクゼリやトリカブトなど）の写真が必要なため、植物園に撮影に訪れていた。毒草と仲良くする僕の姿がよほど怪しかったのか、薬用植物園の職員である池村さんが、心配そうに？　近寄ってきた。僕がウマノスズクサの魅力を力説すると、30分後には連絡先を交換し、気づいたら一緒にコラボ観察会を企画するくらい仲良くなっていた。

“池兄”との出会いのきっかけになったウマノスズクサ

薬用植物園の職員だけあって、植物の有毒性や有用性を学術的にいつもいろいろ教えていただき、食べる野草講座を実践する僕にとって、非常に信頼して、学べる、野草界の“兄貴”のような存在だ。プライベートでもミゾコウジュやアブラナ科の植物観察のために出掛けたり、植物に対する意識や考え方などを観察しながら学ばせて頂いている。

野草はひとつ間違えば危険な有毒植物と変貌し、生命を危険な目に晒してしまう。その上で池兄の的確なアドバイスやレクチャーはとても野草的に重要な位置を占めている。

足元のアート

ロゼットの不思議

春先に地面に張りついて、葉っぱを四方に広げている野草の姿を見かける。
この葉っぱを「根生葉」と呼び、根生葉だけの状態を“ロゼット”という。
春に咲く越年草の野草たちで、その姿は、時にはシンメトリーだったりしてとても美しい。
足元のアートの代表的な野草たちを紹介しよう。

櫨を育てることは
日本の伝統文化を継承すること

伝統を守り続けて

矢野眞由美　櫨文化協会 会長

福岡県久留米市山本町にある柳坂曽根の櫨並木。毎年秋の紅葉シーズンに多くの観光客が訪れる

櫨(ハゼ)は、秋の紅葉が美しいウルシ科の落葉小高木。その実から採れる櫨蝋(ハゼロウ)は、江戸時代から和ろうそくの原料として主に九州や西日本で盛んに栽培されてきた。

和ろうそくといえば、時代劇などでよく見かけるが、大きくゆったりと揺らぐ炎と、ススも少なく垂れることなく静かに燃えていくのが特徴だ。日本の美ともいえるその炎は、櫨蝋という原材料と数少ない熟練した職人の技術によって作られている。しかし近年は櫨農家の高齢化などによって櫨の実の生産量は激減している。櫨は気候と風土によって蝋の特徴が変わるため、いまだに日本でしか栽培されていない。もし櫨がなくなれば、この和ろうそくもなくなってしまうだろう。

昨年、全国の櫨の生産者や和ろうそく職人、応援する人たちなどによって「櫨文化協会」が発足した。10年以上櫨の振興活動を行ってきた会長の矢野さんは、「櫨には多くの魅力とそれにまつわる文化がある。日本にしかない櫨を後世に残すため、少しでも多くの方に櫨の良さを知ってほしい」と語ってくれた。

ハゼ　和ろうそく

櫨文化協会では定期的に「和ろうそくディナー」を開催している。 和ろうそくの灯りによって食事の美味しさも格別だ

クロモジ 爪楊枝

上品な香りと たたずまいに魅せられて

森 隆夫 雨城楊枝職人

君津市久留里の伝統工芸である黒文字爪楊枝は、森隆夫さんにより今も変わらず代々引き継がれ守られている。茶の祖・千利休が庭の黒文字を小刀で切り削り、茶室にてお茶菓子のための楊枝に用いたことで有名な黒文字爪楊枝。その歴史は古く、江戸時代初期までさかのぼる。関ヶ原の戦いで功績があった土屋忠直が、徳川家康の命によって上総久留里藩の初代藩主となった時、内職として爪楊枝作りを奨励したことによる。雨城楊枝の雨城とは久留里城の別称だ。

森さんを訪ねた日、工房に足を踏み入れるや、黒文字の神秘的な香りに包まれ、部屋の空気がとても澄んでいるように感じた。現在目にする爪楊枝の材料はシラカバなどが主流だが、黒文字の爪楊枝を実際に使用してみると、やはり口に和菓子を運ぶと漂う、あの上品な香りには、森さんの熱い思いが注がれているのだ。

工房に展示された江戸時代の爪楊枝

茶の湯には欠かせない

伝統を守り続けて

優美な絞り模様の古代鹿角紫根染・茜染を守る

関 幸子 鹿角紫根染（かづのしこんぞめ）・茜染（あかねぞめ）研究会会長

ムラサキ・アカネ染め

秋田県鹿角地方には、昔、自生のムラサキやアカネが豊富だったことから、遠く1300年前の奈良時代から、その根を使って染める古代技法が伝承されてきた。江戸時代には鹿角の特産として紫根染・茜染が全国に名を知られていた。優美な絞り模様を施した古代鹿角紫根染・茜染は、サワフタギの木を燃やした灰を使って120～130回も下染めを繰り返し、さらに本染めを12回も行う染め物で、完成するまでに3～6年もかかる難儀な手仕事によって生まれる。しかし、山野から紫草が姿を消し、その製法を伝えてきた栗山家の「古代鹿角紫根染・茜染」は、平成３年に途絶えている。

この鹿角紫根染・茜染の復活と伝承を目指しているのが鹿角紫根染・茜染研究会。文化庁伝統文化親子教室を開催したり、小・中・高校のふるさと学習や美術の授業で紫根染・茜染体験を行ったりしながら後継者の育成に努めている。

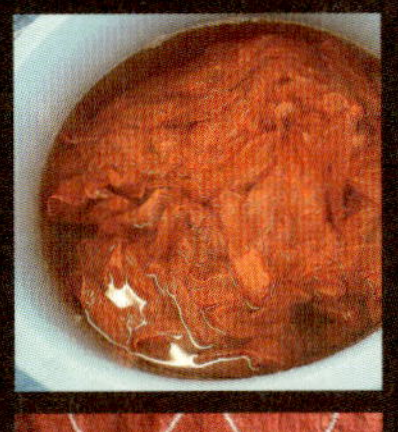

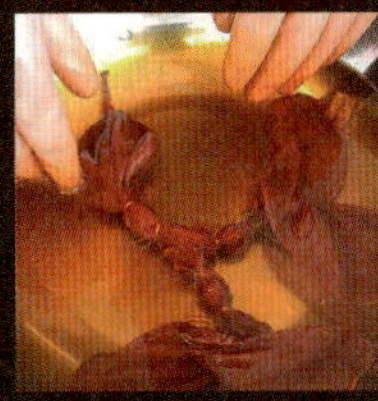

気が遠くなるような工程を経て染めあがる

ムラサキ

アカネ

年を経るごとに鮮やかさが増し、神の坐（いま）す布と称えられた栗山家の「古代鹿角紫根染・茜染」

クズ 本葛粉

真っ黒な葛根からあの白い粉ができるなんて、すごい技術力だ

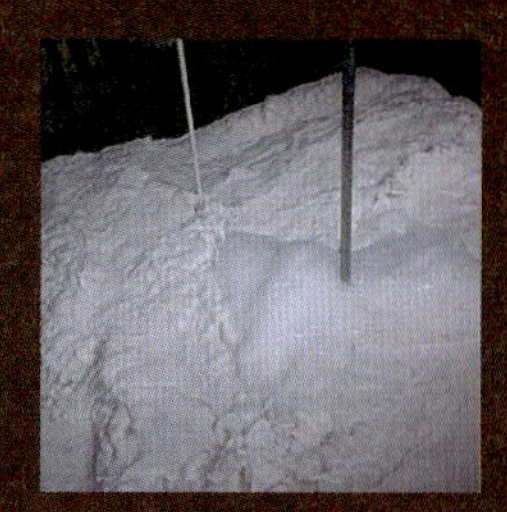
今も尚、昔ながらの製法で作り続けられている。

廣久葛本舗の本葛粉を使った絶品の葛きり

200年近くも引き継がれる秋月の宝「本葛粉」

十代目 高木久助 廣久葛本舗

福岡の筑前秋月で作られる葛粉は、白い金とも称される天然純国産原料100%にこだわった本葛粉。その製法は、文政二年（1819）創業から200年近く、今もなお十代目 高木久助さんによって、大切に守り引き継がれている。初代久助が長年にわたり葛根の良否、精製法を研究し、美しい純白の本葛を作り上げたことに端を発したのである。これを藩主黒田侯に献じたところ称賛を賜り、幕府への献上品となり、やがて江戸市中でも名声を博し、本葛と言えば「久助」と言われるほど、秋月本葛は広く知られるようになった。黒田藩政当時は廣久本葛のみが製造販売を許されていたそうだ。

半透明に透き通り艶っぽく表面が反射する葛餅は、口に入れた瞬間ツルッとした感覚の中にしっかりとした食感を感じ、噛めば噛むほど優しい甘みが口の中で広がる。時代の流れ中で、葛根を掘る職人の減少など、本葛粉は減る一方だが、沢山の方々に知って頂きたいと思った。

海苔はスサビノリや浅草ノリという海藻からできている

スサビノリの主な産地は有明海、千葉県、兵庫県、伊勢湾、宮城県など。香りや色合いが産地ごとに異なる

ノリ 板海苔

磯の香りと程よい塩味が合う手作り海苔

出川雄一郎 蔦金商店

日本人と海苔の歴史は非常に古く、奈良時代初期に編纂された常陸国風土記に登場し、伝説上の人物ヤマトタケルが愛した事でも有名だ。また大宝2年（702）の2月6日に執行された大宝律令においては、海苔が租税の対象として記載されている。ちなみにこれにより2月6日が「海苔の日」とされた。江戸時代に入って海苔の養殖技術が発達し、和紙をつくる製法と同じ製法でつくる板海苔が主流になった。それゆえ紙の単位に用いられている「帖」は海苔の単位でもある。

蔦金さんは創業120有余年の老舗海苔店。手間暇掛けたスサビノリの板海苔は香りが格別に良く、炙って焼き海苔にして胡麻油と醤油を少し垂らし白いご飯を巻いて食べると、パリッとした音とともに磯の香りと程よい塩味が抜群に合う。

オオシマツバキ
椿油

母から娘へ、娘から孫へ 時代を超えて椿油の良さを伝える

大島椿

　古くから日本各地に自生していた椿は幅広く資源活用され、日本人の生活に係わりの深い植物といえる。種子から採れる椿油は『延喜式』に租税として集められたことが記録されており、役所や宮中において燈火の油などに使われた。奈良時代には食用としても用いられていたことが分かっている。

　椿の島、伊豆大島に自生する椿から採れる黄金の油を広く世に紹介したのが創業者の岡田春一だ。島を訪れた際、美しく雄大な自然に感動し、島の発展、開発に一生を注ぐ決意をした岡田は、1927（昭和2）年に大島椿を創業。椿油の良さを伝えるため少量の量り売りから始め、数年後には一流品ばかりを扱う百貨店へ商品を納めるようになった。その後も様々な販路開拓を積極的に続け、戦後は大島のアンコさんたちと共に全国の都市を回る販促活動を行ったことで日本中に浸透。品質にこだわり、ヘアケア、スキンケアに使える「大島椿」は発売から90年以上経つ現在も、母から娘へ、娘から孫へ、時代を超えて愛されている。

皮脂と同じ成分を多く含むため肌に自然になじみ、刺激が少なく、肌にやさしい

「大島椿」は椿の種子を搾って得た100%天然の椿油

野草Field

水辺から都会までフィールドは果てしない

タコノアシ

メリケンガヤツリ

川辺ではタコノアシやカヤツリグサ科のメリケンガヤツリなど水辺を好む植物を観察することができる。同じ河川でも上流や下流などで在来種や帰化種の割合が変動するので、散策してみて常に面白いフィールドだ。

ハマエンドウ

波に打ち上げられた海藻たち

海辺はなんといっても海浜植物だ。ボタンボウフウ、ツルナ、ハマゴウ、ハマヒルガオ、テリハノイバラ、テリハノブドウなど浜辺ならではの植物たちを観察できる。砂浜に打ち上げられる海藻も観察できるのが浜辺の醍醐味である。

海や山など場所や環境によって生えている野草はずいぶん異なる。
ここでは川辺、海辺、里山、街中など、環境ごとに見られる主な野草を紹介しよう。
ウォッチングの目安に！

フデリンドウ

タニギキョウ

里山は街中であまり見る事が出来ない植物たちを楽しむことが出来る。春はフデリンドウ、ニリンソウ、タニギキョウ、そして夏から秋は野菊のヨメナやホタルブクロなど、植物的にもちょっぴり贅沢な気分に浸れる。

里山

トキワハゼとツメクサ

ヒメスミレ

アスファルトの隙間からしたたかに生き抜くツメクサやトキワハゼなど植物たちの生態系を観察するのにうってつけのフィールドだ。アスファルトに咲くヒメスミレ、スミレ、アリアケスミレなどは生で見ると愛らしさこの上ない。

街中

プランターやベランダ庭で my野草を育ててみよう!

都内近郊や都会で野草を身近に楽しむ手段としては、プランター栽培やベランダ庭栽培がオススメだ。特にプランターはコンパクトで、野草の名前を覚えやすいのでビギナーに向いている。僕は湘南や大阪で野草の庭をプロデュースしているが、野生で摘むのが難しいセリなどは、まず自ら育てながらその成長の姿を覚えることにも役立つ。

また、身近に野草を育てることで、ちょっとした料理に使いたい時にすぐ摘めるだけでなく、四季の野草たちの定点観測や生態系を身近に感じることができる。実際にナズナやスミレなどを育ててみて、上手く成長し、やがて花が咲いてくれた時はとても嬉しく、今までに感じたことのないエネルギーをもらった。野草と共に生活をしていく事でとても毎日が丁寧に生活出来ている気がする。

草木を増やす方法を次のページで紹介しよう。

プランターで育てる

左上からエゾルリソウ（釣鐘状で濃い瑠璃色の花を咲かせる多年草）、右上毒オダマキ（特徴的な距と愛らしいいでたちがたまらない寒冷地の山野草）、左下ハナイカダ(育てやすく、スタイリッシュ)、右下ミズタビラコ（ワスレナグサやキュウリグサの仲間で淡いブルーの花を次々に咲かせる）など。

ベランダ庭で育てる

僕が手がけた湘南の野草庭。海に近い場所なので、ボタンボウフウやハマボウフウ、ツルナ、オカワカメの別名を持つ雲南百薬などの海浜植物を多めに植えた。ちょっと野菜が足りない時、野草庭で何枚か葉を摘んで味噌汁やサラダに入れたり、野草の一年の成長を身近に感じ、観察するにはぴったりだ。

タネや挿し木で増やす

草木の増やし方には、タネをまいて増やす（有性繁殖）方法と、植物体の一部を使い、植物体の再生能力を利用する（栄養繁殖・無性繁殖）方法とがある。
ここではベランダや庭で身近にできる、草木の有性繁殖と栄養繁殖を紹介する。

タネをまいて増やす：有性繁殖

タネまき用のタネは、野草たちが花期を終え種子ができた時に採取して、乾燥した場所に置いておくのがポイント。ホームセンターなどで販売されているプランターや、土（種まき用土などがおすすめ）を準備し、あらかじめ用意しておいたタネを、間隔を均等にして列状にまく“スジまき”をする。
タネは3日から1週間ぐらいで発芽するのが普通である。僕が育ててみた中で発芽しやすい春の野草は、ハコベ類、スミレ類、アブラナ科（ナズナ、マメグンバイナズナ、タネツケバナ）、コオニタビラコなど。これらは早い段階で発芽し、育てやすいのでビギナー向けだ。

ムクロジの種

挿し木で増やす：栄養繁殖

挿し木は植物体からまた新たに植物体を生み出すクローン繁殖だ。身近な草木もこのやり方で増やすことができる。準備するものは、プランターと挿し木に適す赤玉土や鹿沼土など。挿し木で育てる場合は、なるべく植物体が新しく、しかも枝物は木化しているものを挿し穂に選び、8～10センチを、切り口が斜めになるように切りとり、1～2時間ほど挿し穂を水に挿しておく。そしてプランターに土を入れ、2分の1ぐらいを残して挿していく。

挿し木におススメなのが、左から
ヨモギ、ヤマグワ、ラベンダー、
オカウコギ、ヤブツバキなど。

日本列島

野草を愛する仲間たち

糸島の大自然の中から情報発信

加藤美帆（かとうみほ）

獣医師／薬草ハーバリスト　福岡

ブレンド野草茶 - suu -代表。東京生まれ、ニューヨークの田舎育ち。都内で獣医師として勤務後、糸島へ移住。[月の巡りと薬草暮らし]をテーマに、緑に囲まれた海辺で暮らす。心がほどける不思議なよもぎ茶づくりを本業としつつ、自然の中で誰もが自然体に還るための薬草リトリート、季節の野草手仕事レッスン、ヨガに糸島の薬草を合わせた月巡りヨガ、薬草化粧水づくりなどを開催。2017年には薬草カフェバーも期間限定でオープン。SNSで日々の暮らしを発信中。

野草を取り入れる暮らしを模索中

なかおあや

野草料理家／管理栄養士　福岡

管理栄養士として病院に勤務し、その後、料理研究家のアシスタントを経て独立。フードコーディネーターとして活動するなか薬草と出会い、野山から摘み集めた野草で養生できることを自身の体で感じる。現在、野草教室では、野草の見分け方や、料理、お茶や調味料などの加工方法など、野草を暮らしに取り入れる楽しみを伝えている。

佐渡島の野草の使い方を身をもって学ぶ

菊池はるみ（きくち）

佐渡島の野草研究家　新潟

佐渡市の山の中で生まれ、三世帯同居の大家族に育つ。卒業後は島を離れ、製菓の道に進むも、結婚後に佐渡島にUターンする。出産後、体にアレルギー症状が次々と出始め、身近にある植物で治そうと試みる。図書館で偶然、佐渡島の伝統的な野草の使い方の本に出会い、島に語り継がれてきた身の回りの植物の使い方、食べ方、宗教的な使い方などを独学で学び、今もなお研究を続けるかたわら、セミナーを開いている。

琉球ならではの野草活用術を伝える

上原文子（うえはらふみこ）

琉球野草料理研究家／畑の学校主宰　沖縄

通称、魔女文婆（ふみばぁ）。草を食い、草と生き、草になった魔女。これまでに食べた草は数百にものぼる。酵素、麹、自然農、裂き織り、草木染め、野草、在来種のシードバンクなど、自給自足で生きる知恵や琉球ならではの野草活用術を、ネイチャーガイドや琉球野草料理などを通して伝える生活案内人。豊見城市金良にある隠れ家「畑の学校」で小さなスクールを開き、それらの知恵を沢山の方々に伝承している。

「野草を通じて人とつながること」は、僕が一番大切にしていること。
全国各地で野草の専門家とつながっているからこそ、イベントを展開したり、
交流したり、野草の世界が広がってゆく。 絆の尊さを実感する仲間たち。

“山の名人”をまとめる山菜ガール

栗山奈津子（くりやまなつこ）

株式会社あきた森の宅配便 代表取締役　秋田

秋田県小坂町生まれ。大学卒業後、食品会社に入社するも3年で退社。小坂町へUターンし、あきた森の宅配便の2代目社長に就任する。第2創業として「天然山菜採り代行サービス」を本格化し、今では山菜採りの年配者“山の名人”は30人以上に及ぶという。田舎だからこそできる豊かな生活を目指しつつ、秋田の山菜の魅力や山の名人たちの暮らし、田舎の素晴らしさを伝えるため日々活動中。

野草を通して地域の人たちと絆を深める

鳥谷明日香（とやあすか）

北広島町地域おこし協力隊　広島

広島修道大学人間環境学部在学中、ゼミの活動地であった北広島町で、野草茶作りを教わってから興味をもつ。食べられる野草が好き。2016年4月から北広島町地域おこし協力隊に着任し、2017年4月に、ハーブ王子と野草ランチ作りのイベントを開催。地域の人と、身近な野草に触れてにぎやかな時を過ごす。日々の暮らしの楽しみとして、野草に触れていたい。

ママ向けの野草自然療法に取り組む

鷲見未織（すみみお）

心と身体を整える「ゆゆた工房」主宰　札幌

耳つぼの講座や発酵の講座、陶芸セラピーなど多方面で活躍中。三児の母でもある。発酵と北海道産のヨモギを組み合わせ、暮らしに取り入れる方法など、ママ向けの自然療法にも取り組んでいる。札幌市内を中心に道内、道外でも幼稚園、小学校、中学校などのPTA講習会や地域団体、子育て団体などに出張して講座を開催。日々の暮らしに根付いた体に優しい暮らしを提案している。

野草の庭を拠点にイベントを開催

森本惠子・國應（もりもとけいこ・くにお）

湘南野草にわ主宰　神奈川

山下氏との出会いがきっかけで、雑草が食べられる野草に変身することを学び、横浜から湘南に庭を求めて転居。庭に「湘南野草にわ」の造作を山下氏に依頼。以降、“ハーブ王子と学ぶ野草教室”を開催し、海岸・街中散策後は講座、採取の野草で染・野草餅・酵素をはじめとしたワークショップ等を開き、手作り野草御膳などのランチを振る舞っている。暮らしに寄り添う野草生活を楽しく学ぶスペース。

おわりに

今回、執筆にあたって改めて数々の植物たちと正面から向き合ってみて、僕は何故ここまで彼らの虜になってしまうのだろう？　何故人生を賭けてまで彼らと付き合うのだろうか？　と真剣に考えてみた。

植物たちにしか作り出せない美しい色合いや、人間の想像をはるかに超えるアーティスティックな造形など、野草は魅力に満ちている。しかしそれ以上に、人の心の中にある引き出しをスッと開く（**心を開く**）力があると僕は思う。それは僕ら人間にできることではなく、植物だからこそ自然にできることではないかと思う。

これまでに多くの植物観察会や野草教室を開催してきた。四季折々の美しい花、可愛いらしい花、健気な花、可憐な花など、その場その場で植物達が一生懸命に咲かせる花を参加者にレクチャーさせていただくのだが、老若男女問わず、毎回皆さんが自然に笑顔になっていくのだ。僕が思う植物の魅力はここにある。つまり人と植物の絆だ。野草を通じて、四季の流れを感じたり、人の細やかな温もりを感じることができる。そこが大好きだと執筆しながら改めて感じた。

これまでの活動を一冊にまとめるにあたり、沢山の方々の後押しと協力があった。このタイミングで、全国の野草を愛する方々やこれから新たに野草と出会う方々に、僕の野草愛がお届けできれば幸いだ。

2018年5月　山下智道

参考文献

日本のスミレ（山と溪谷社）
日本の野菊（山と溪谷社）
野に咲く花（山と溪谷社）
樹木の葉（山と溪谷社）
日本の野草（山と溪谷社）
日本帰化植物図鑑第2巻（全国農村教育協会）
横浜の植物（横浜植物会）
日本の植物ハンドブック（八坂書房）
日本雑草図説（養賢堂）
カヤツリグサ科入門図鑑（全国農村教育協会）
タケ・ササ図鑑（創森社）
柑橘類（NHK出版）
海藻ネイチャーウォッチングガイドブック（誠文堂新光社）
日本の海藻（平凡社）
海藻（法政大学出版局）
植物和名の語源（八坂書房）
日本イネ科植物図譜（全国農村教育協会）
色の歴史手帳（PHP研究所）
江戸の食文化（小学館）
徳川家の家紋はなぜ三つ葉葵なのか（東洋経済新報社）
薬湯（農山漁村文化協会）
草の気に癒されて（現代書林）
日本のハーブ事典（東京堂出版）

野草と暮らす365日

索引

山下智道 Tomomichi Yamashita

福岡県北九州市出身。野草研究家・作詞家・作曲家・ヴォーカリスト。登山家の父のもと幼少より山・自然・植物に親しんだことが植物愛の基盤となり、的確・豊富な知識と実践力で支持を集める。観察会やワークショップ等、全国を舞台に活躍中。テレビの出演や雑誌の執筆など多数。
https://www.tomomichi-yamashita.com/

植物監修 **池村国弘**
装幀・本文デザイン 相馬敬徳（Rafters）
写真（カバー・巻頭） 岡村隆広
編集 藤井文子
写真協力 小林健人、柴田忠裕、森 昭彦、池村国弘、磯田進、江端幸子、三澤史子、髙橋美智代、飯間雅文、能勢敦子、かわいよしえ、佐々木知幸、出澤清明、多久和愛佳、山下健夫、山下由、阿部しおり、森本惠子、山川陽一、加藤美帆、なかおあや、久手堅、美咲姫、枡田久美子、原尻美保、川田章則、藤井文子、摘み菜を伝える会

野草と暮らす365日

2018年7月1日　初版第1刷発行
2025年5月20日　初版第5刷発行
著者 山下智道
発行人 川崎深雪
発行所 株式会社 山と溪谷社
〒101-0051
東京都千代田区神田神保町1丁目105番地
https://www.yamakei.co.jp/

乱丁・落丁、及び内容に関するお問合せ先
山と溪谷社自動応答サービス TEL. 03-6744-1900
受付時間／11:00-16:00（土日、祝日を除く）
メールもご利用ください。
【乱丁・落丁】 service@yamakei.co.jp
【内容】 info@yamakei.co.jp

書店・取次様からのご注文先
山と溪谷社受注センター TEL. 048-458-3455 FAX. 048-421-0513

書店・取次様からのご注文以外のお問合せ先
eigyo@yamakei.co.jp

印刷・製本 株式会社光邦

定価はカバーに表示してあります

Printed in Japan ISBN978-4-635-58039-7